NCS기반 응용 헤어커트

NCS

저 자

손지연 (한국영상대학교 헤어디자인과)
박민서 (한국영상대학교 헤어디자인과)

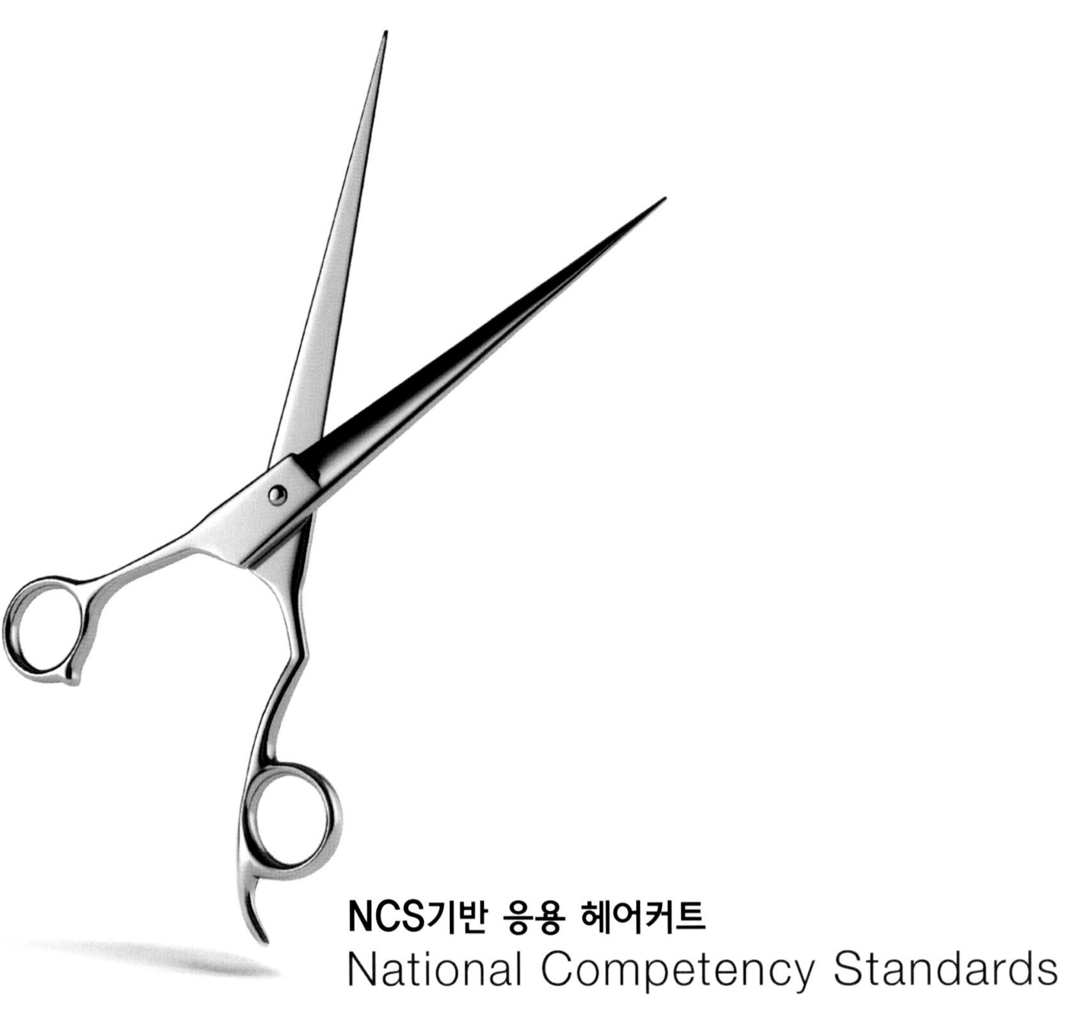

NCS기반 응용 헤어커트
National Competency Standards

머 리 말

본 교재는 NCS(국가직무능력표준)기반 헤어커트 응용단계(능력단위 분류번호: 1201010106_14v2)로 기초과정을 마친 후 접하게 될 하이레벨의 헤어커트 워크북입니다. 응용헤어커트 능력단위에 따라 응용헤어커트 준비하기, 시술하기, 마무리하기 순의 능력단위 요소로 구성하였으며, 수행준거에 따라 학습목표를 설정하고 그에 필요한 지식과 기술, 태도를 삽입하여 산업현장에서 요구하는 직무능력을 마스터할 수 있도록 구성하였습니다.

교재의 내용에는 응용헤어커트를 수행하는데 요구되는 기본 능력 수준을 스스로 진단할 수 있는 학생자가진단서와, 응용헤어커트 과정을 진행하면서 중간점검과 최종점검을 할 수 있는 수행평가가 들어있습니다. 학생자가진단서는 진단방법에 따라 수준을 진단한 후 부족한 부분이 있다면 별도의 학습을 요하며, 수행평가는 학생의 지식 · 기술 · 태도를 포함하여 해당 주차의 학습을 이해하고 NCS기본 취지인 학생의 '할 수 있다'를 성취수준을 통해 확인할 수 있도록 하였습니다.

헤어커트 입문이 이론과 실기를 함께 습득하는 단계라면 기초과정 후에는 이론을 바탕으로 실기능력을 더하는 집중훈련이 필요합니다. 여기에는 테크닉과 기본형의 조합방법, 디자인 연출력, 더불어 이론을 바탕으로 한 실기의 과학적 연계가 필수입니다. 테크닉은 연습하면 누구나 가능하지만 분석력은 이론을 바탕으로 이루어지는 것이기 때문입니다.

헤어커트는 결과도 중요하지만 과정 또한 간과할 수 없습니다. 고객은 거울을 통해 디자이너의 시술과정을 점검하며 심리적인 위안을 받기 때문입니다. 따라서 정확한 자세를 숙지하고 섬세한 작업과정으로 고객만족을 위한 기술개발을 한다면 훌륭한 헤어디자이너가 될 것입니다.

부디 이 교재가 응용헤어커트에 대한 유용한 지침서가 되길 바랍니다. 아울러 초기 NCS기반 능력단위로 설계되었으므로 추후 다양한 경험과 지식을 바탕으로 보완하여 선보이기 위해 노력하겠습니다.

끝으로 이 책을 출간하기까지 믿고 협조해주신 도서출판 구민사 조규백 대표님을 비롯한 구민사 가족 여러분, 사진촬영에 큰 도움주신 최재웅 선생님, 디자인 바른 최지연 실장님에게 깊은 감사의 말씀을 드립니다.

저자

Contents

Chapter 01

Chapter 02

Chapter 03

Contents

NCS

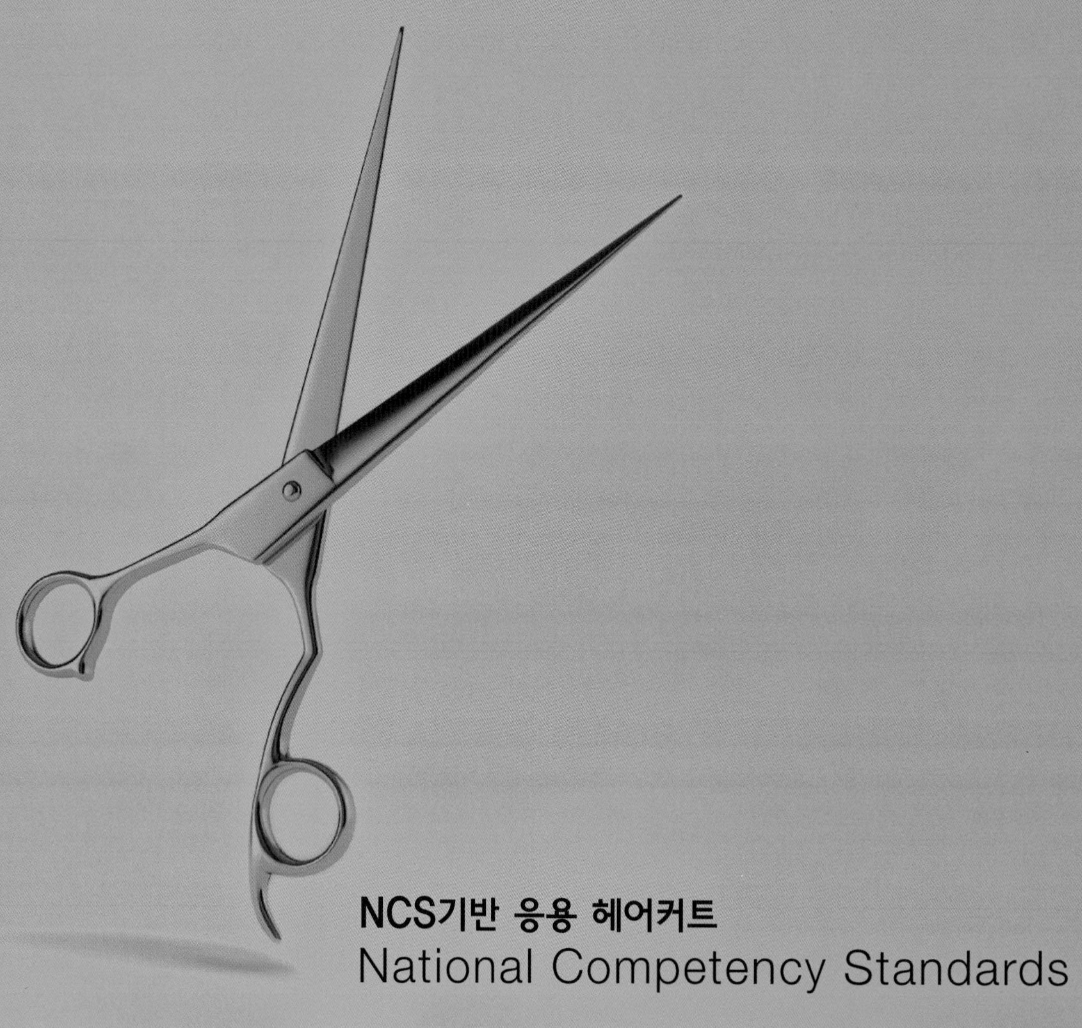

NCS기반 응용 헤어커트

National Competency Standards

NCS

chapter 01

1. 교과목 프로파일

대분류	중분류	소분류	세분류
숙박 · 여행 · 오락	이 · 미용	이 · 미용서비스	헤어미용

- 교과목명 (능력단위) 응용헤어커트 **1201010106_14v2**

- 능력단위 정의

응용 헤어커트란 고객의 요구, 외형적 특징, 트렌드 등을 반영하여 헤어디자인을 설계하고, 그에 따른 도구와 기법으로 커트하는 능력이다.

- 교과목표

1. 고객의 요구, 신체적 특징, 트렌드를 반영하여 헤어디자인을 설계할 수 있다.
2. 커트의 기본디자인을 혼합하여 다양한 형태를 시술 할 수 있다.
3. 여러 도구와 기법을 이용해 커트할 수 있다.

- 교과내용

교과내용	관련 능력단위(요소)
1.1 고객의 모류, 모량, 모발 성질, 모발 손상 등을 판단하여 디자인을 결정할 수 있다. 1.2 고객의 얼굴형, 두상, 신장, 체형 등을 판단하여 디자인을 결정할 수 있다. 1.3 고객의 요구와 상담결과에 의해 디자인을 결정할 수 있다. 1.4 고객에게 어깨보, 커트보, 가운 등을 착용해 줄 수 있다. 1.5 헤어커트 유형과 모발 상태에 따라 샴푸 또는 분부기로 모발의 수분량을 조절할 수 있다.	1201010106_14v2.1 응용 헤어커트 준비하기
2.1 콤비네이션(combination) 스타일에 따라 선택한 커트도구를 사용할 수 있다. 2.2 콤비네이션 스타일에 따라 선택한 커트기법으로 시술할 수 있다. 2.3 디자인 요소가 반영된 콤비네이션 스타일로 커트할 수 있다.	1201010106_14v2.2 응용 헤어커트 시술하기
3.1 고객의 얼굴과 목 등에 묻은 잔여 머리카락을 제거할 수 있다. 3.2 사용한 헤어커트 도구와 시술한 주변을 즉시 정리 · 정돈할 수 있다. 3.3 시술 후 고객 만족도를 파악하여 필요한 경우 수정 · 보완하는 헤어커트를 할 수 있다. 3.4 헤어커트 유형에 적합한 도구와 기법으로 헤어스타일을 마무리할 수 있다.	1201010106_14v2.3 응용 헤어커트 마무리하기

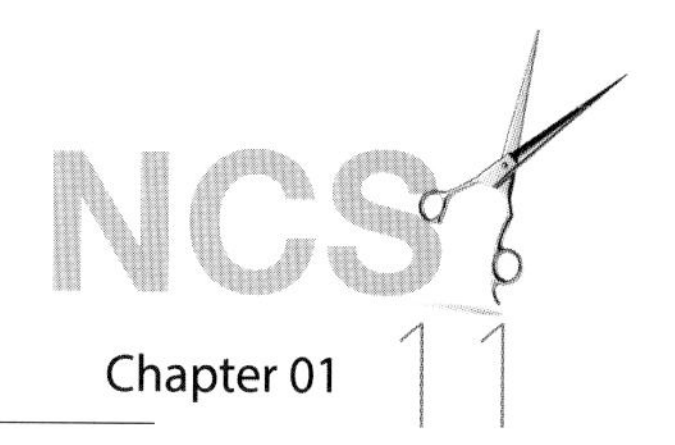

- **교육방법 :** 강의, 실습, 발표
- **선수과목 :** 기본 헤어커트, 샴푸
- **평가 시 고려사항**
  - 수행준거에 따른 지식 · 기술 · 태도의 습득 능력
  - 응용 헤어커트 유형의 특징과 시술 기법
  - 블로킹, 슬라이스, 각도 등 헤어커트의 기본 요소에 대한 이해
  - 올바른 헤어커트 자세
  - 고객에게 어울리는 헤어스타일 선정과 트렌드 반영정도
  - 고객만족도
  - 주변 정리 · 정돈 상태

- **평가내용**

교과내용(대단원)		평가방법					
		A	C	F	G	H	L
응용 헤어커트 준비하기	두상의 각 포인트 위치와 명칭에 대해 설명할 수 있다.		✓				
	고객의 모류, 모량, 모발 성질, 모발 손상 등을 판단하여 디자인을 결정할 수 있다.		✓				
	고객의 얼굴형, 두상, 신장, 체형 등을 판단하여 디자인을 결정할 수 있다.		✓	✓			
	고객의 요구와 상담결과에 의해 디자인을 결정할 수 있다.			✓			
	고객에게 어깨보, 커트보, 가운 등을 착용해 줄 수 있다.				✓		✓
	헤어커트 유형과 모발 상태에 따라 샴푸 또는 분부기로 모발의 수분량을 조절할 수 있다.				✓		✓
응용 헤어커트 시술하기	콤비네이션(combination) 스타일에 따라 선택한 커트도구를 사용할 수 있다.		✓				
	콤비네이션 스타일에 따라 선택한 커트기법으로 시술할 수 있다.	✓					
	디자인 요소가 반영된 콤비네이션 스타일로 커트할 수 있다.	✓					
응용 헤어커트 마무리하기	고객의 얼굴과 목 등에 묻은 잔여 머리카락을 제거할 수 있다.				✓		✓
	사용한 헤어커트 도구와 시술한 주변을 즉시 정리 · 정돈할 수 있다.				✓		✓
	시술 후 고객 만족도를 파악하여 필요한 경우 수정 · 보완하는 헤어커트를 할 수 있다.				✓		✓
	헤어커트 유형에 적합한 도구와 기법으로 헤어스타일을 마무리할 수 있다.	✓					

A. 포트폴리오 **B.** 문제해결 시나리오 **C.** 서술형 시험 **D.** 논술형 시험 **E.** 사례연구 **F.** 평가자 질문 **G.** 평가자 체크리스트 **H.** 피평가자 체크리스트 **I.** 일지/저널 · 역할연기 **K.** 구두발표 **L.** 작업장평가 **M.** 기타

2. NCS기반 강의계획서

학습환경	헤어 실습실	학습자료	교재	실습장비/재료	가발, 커트도구, 홀더, 분무기, 어깨보, 커트보, 가운, 스폰지, 미용의자, 거울, 헤어드라이어, 브러시 등

교재 및 참고도서	구분	교재명	저자	출판사	출판년도
	주교재	NCS 기반 응용헤어커트	손지연, 박민서	구민사	2015
	참고도서				

수업진행 방식	이론강의	실습	발표	토론	팀 프로젝트	현장견학	코 · 티칭 등기타
	✓	✓	✓				

평가방법/평가기준	A	B	C	D	E	F	G	H	I	J	K	L	M	출석	계(%)
	✓		✓			✓	✓	✓				✓			

수행준거 (평가내용)

[응용 헤어커트 준비하기]

1.1 고객의 모류, 모량, 모발 성질, 모발 손상 등을 판단하여 디자인을 결정할 수 있다.
1.2 고객의 얼굴형, 두상, 신장, 체형 등을 판단하여 디자인을 결정할 수 있다.
1.3 고객의 요구와 상담결과에 의해 디자인을 결정할 수 있다.
1.4 고객에게 어깨보, 커트보, 가운 등을 착용해 줄 수 있다.
1.5 헤어커트 유형과 모발 상태에 따라 샴푸 또는 분부기로 모발의 수분량을 조절할 수 있다.

[응용 헤어커트 시술하기]

2.1 콤비네이션(combination) 스타일에 따라 선택한 커트도구를 사용할 수 있다.
2.2 콤비네이션 스타일에 따라 선택한 커트기법으로 시술할 수 있다.
2.3 디자인 요소가 반영된 콤비네이션 스타일로 커트할 수 있다.

[응용 헤어커트 마무리하기]

3.1 고객의 얼굴과 목 등에 묻은 잔여 머리카락을 제거할 수 있다.
3.2 사용한 헤어커트 도구와 시술한 주변을 즉시 정리 · 정돈할 수 있다.
3.3 시술 후 고객 만족도를 파악하여 필요한 경우 수정 · 보완하는 헤어커트를 할 수 있다.
3.4 헤어커트 유형에 적합한 도구와 기법으로 헤어스타일을 마무리할 수 있다.

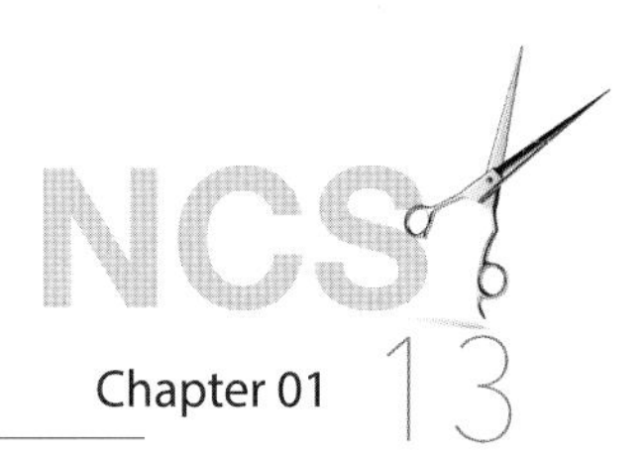

강의계획서								
교과목명(코드)	응용헤어커트 [1201010106_14v2]					담당교수	교수명	(인)
이수구분	학점(시간)	강의요일	강의시간	교육장소	1		연구실	
					2			
수강대상							연락처(HP)	
NCS 세분류	응용헤어커트 [1201010106_14v2]	능력단위(요소)명(코드명)	응용 헤어커트 준비하기 1201010106_14v2.1 응용 헤어커트 시술하기 1201010106_14v2.2 응용 헤어커트 마무리하기 1201010106_14v2.3				e-메일	
인력양성유형	헤어디자이너	관련 자격증	미용사(일반)	선수과목	기본헤어커트, 샴푸	확인	학과장	
교과목설명	교과목개요	고객의 요구, 외형적 특징, 트렌드 등을 반영하여 헤어디자인을 설계하고, 그에 따른 도구와 기법으로 커트하는 능력이다.						
관련 KSA	교육목표	1. 고객의 요구, 신체적 특징, 트렌드를 반영하여 헤어디자인을 설계할 수 있다. 2. 커트의 기본디자인을 혼합하여 다양한 형태를 시술 할 수 있다. 3. 여러 도구와 기법을 이용해 커트할 수 있다.						
	지식 (K)	• 헤어디자인 결정을 위한 두상, 모류, 모발성질 분석에 관한 지식 • 모발상태와 헤어커트 유형에 적합한 수분 밸런스에 관한 지식 • 도해도를 작성하고 분석할 수 있는 기술적 지식 • 헤어커트 도구별 특징과 사용법에 관한 지식 • 응용 헤어커트 유형의 종류와 특징 및 시술방법에 관한 지식 • 헤어커트 도구의 특징과 보관 및 정리,정돈에 관한 지식 • 헤어스타일 연출제품의 사용법						
	기술 (S)	• 어깨보, 커트보, 가운 착용 기술 • 분무기 사용능력 • 헤어디자인 설계능력 • 도해도를 작성하고 분석할 수 있는 능력 • 빗과 다양한 헤어커트 도구를 정확하게 사용하는 기술 • 응용 헤어커트의 유형별 시술 테크닉 • 헤어커트를 수정 • 보완하는 기술 • 헤어커트도구와 시술공간을 정리 • 정돈하는 능력 • 헤어스타일 연출 테크닉 • 샴푸테크닉 • 고객과 커뮤니케이션하는 능력						
	기술 (S)	• 새로운 헤어트렌드 정보수집을 위해 노력하는 태도 • 고객이 불편하지 않도록 배려하는 자세 • 헤어커트 도구 사용의 숙련도를 위해 노력하는 의지 • 헤어커트 도구로 인한 자상에 주의하는 자세 • 신속하고 정확하게 시술하는 태도 • 고객의 요구를 충족시키려는 전문가적인 노력 • 사용도구와 시술공간을 청결하게 관리하는 태도 • 고객만족을 위해 노력하는 자세 • 형태에 맞는 커트의 절차를 예상하고 준비하는 계획성 있는 태도 • 커트에 사용되는 테크닉을 정확하게 표현하려는 적극적인 태도 • 시술 결과를 확인하고 커트 형태에 대해 이해하려는 태도						

3. 주차별 강의교안

주별 강의내용					
주차	학습내용 (단원명)	수업(수행)목표	수업방법 (교수학습)	수업매체 및 자료	평가시기 (1~4차)
1주	교과목 소개 • 헤어디자인의 이해 • 헤어커트의 기본형 • 헤어스타일 분석	• 두상의 포인트와 명칭, 기본라인을 설명할 수 있다. • 헤어커트의 기본형태를 설명할 수 있다. • 헤어스타일을 분석할 수 있다.	강의	교재	
2주	원랭스와 그래쥬에이션의 혼합형	• 원랭스의 특징을 분석할 수 있다. • 그래쥬에이션의 특징을 분석할 수 있다. • 두상의 특징을 분석할 수 있다. • 온 베이스 컨트롤을 시술할 수 있다.	강의, 실습	교재	
3주	컨케이브의 그래쥬에이션형	• 컨케이브 라인의 특징을 설명할 수 있다. • 그래쥬에이션형의 시술각의 범주를 말할 수 있다.	강의, 실습	교재	
4주	원랭스 응용	• 원랭스형을 시술하기 위해 지켜할 사항을 나열할 수 있다. • 원랭스형의 특징을 분석할 수 있다. • 텐션을 최소화 할 수 있는 커트 방법을 설명할 수 있다.	강의, 실습	교재	1차 평가
5주	컨백스 라인의 그래쥬에이션형	• 그래쥬에이션의 특징을 설명할 수 있다. • 컨백스 라인의 특징을 설명할 수 있다. • 파팅에서 직각으로 빗질되는 것을 이해하여 시술할 수 있다.	강의, 실습	교재	
6주	수평라인의 원랭스형과 인크리스 레이어형의 혼합형	• 원랭스형의 특징을 설명할 수 있다. • 래져 테크닉의 특징을 설명할 수 있다. • 인크리스 레이어형의 특징을 설명할 수 있다. • 인크리스 레이어형을 표현하기 위한 커트 방법을 분별할 수 있다.	강의, 실습	교재	
7주	스퀘어 커트를 이용한 혼합형	• 두상 곡면에 의한 혼합형의 특징을 분석할 수 있다. • 스퀘어 커트의 특징을 설명할 수있다. • 방향 분배의 특징을 설명할 수 있다.	강의, 실습	교재	
8주	전대각의 그래쥬에이션형	• 그래쥬에이션에서 전대각을 표현하기 위한 파팅과 분배를 이용하여 시술할 수 있다. • 그래쥬에이션 시술각의 변화와 디자인 라인의 변화를 설명할 수 있다. • 레져 테크닉을 시술할 수 있다.	강의, 실습	교재	2차 평가

주별 강의내용					
주차	학습내용 (단원명)	수업(수행)목표	수업방법 (교수학습)	수업매체 및 자료	평가시기 (1~4차)
9주	섹션별 시술각과 분배 변화에 의한 그래쥬에이션형	• 세임레이어형의 특징을 설명할 수 있다. • 시술각과 빗질의 차이점을 설명할 수 있다. • 수직파팅으로 그래쥬에이션 커트시 손의 비평행 정도에 따른 길이 변화를 이해하여 시술할 수 있다.	강의, 실습	교재	
10주	레이어와 그래쥬에이션의 혼합형	• 각 형태별로 고정가이드라인으로 커트했을 때의 특징을 설명할 수 있다. • 인크리스레이어형의 특징과 커트하는 방법을 나열할 수 있다. • 세임레이어형의 특징과 시술 시 주의 사항을 나열할 수 있다.	강의, 실습	교재	
11주	인크리스 레이어형 (디스커넥션)	• 디스커넥션 커트에 대해 설명할 수 있다. • 인크리스 레이어형을 커트하는 방법을 나열할 수 있다. • 슬라이드 테크닉을 시술할 수 있다.	강의, 실습	교재	
12주	인크리스 레이어형 (스퀘어 커트)	• 인크리스 레이어와 인크리스 레이어가 혼합되었을 때 특징을 설명할 수 있다. • 스퀘어 커트의 특징을 설명할 수 있다. • 스퀘어 커트 시 빗질 방향을 이해할 수 있다.	강의, 실습	교재	
13주	원랭스와 레이어의 혼합형	• 원랭스를 커트하기 위한 시술과정을 설명할 수 있다. • 세임레이어의 특징과 길이에 따른 변화를 설명할 수 있다. • 프린지(뱅)의 구분과 특징을 설명할 수 있다.	강의, 실습	교재	
14주	비대칭 그래쥬에이션형	• 디자인 구성 요소를 설명할 수 있다. • 대칭균형, 비대칭 균형의 차이점을 이해하여 설명할 수 있다. • 전대각, 후대각선의 차이점을 분석할 수 있다. • 커트 시 두상의 위치에 따른 라인의 변화를 설명할 수 있다.	강의, 실습	교재	
15주	비대칭 그래쥬에이션형(언더커트)	• 언더 커트의 특징을 설명할 수 있다. • 비대칭 균형의 조화를 이해할 수 있다. • 길이의 대조적인 느낌을 이해하고 길이가이드를 설정할 수 있다. • 인크리스 레이어형을 나타낼 수 있는 커트 방법을 설명할 수 있다.	강의, 실습	교재	2차 평가

4. 학생 자가 진단서

[학습 전]

응용헤어커트	선수과목코드명	능력단위명
	1201010105_14v2	기본 헤어 커트

진단영역	진단문항	매우 미흡	미흡	보통	우수	매우 우수
기본 헤어커트 준비하기	1. 나는 고객에게 어깨보, 커트보, 가운 등을 착용해 줄 수 있다.	①	②	③	④	⑤
	2. 나는 헤어커트 유형에 따라 모발의 수분 함량을 조절할 수 있다.	①	②	③	④	⑤
	3. 나는 커트의 형태에 따른 디자인의 특징을 설명할 수 있다.	①	②	③	④	⑤
기본 헤어커트 시술하기	1. 나는 헤어커트용 가위(블런트 가위)를 정확하게 사용할 수 있다.	①	②	③	④	⑤
	2. 나는 정확하고 올바른 자세로 커트할 수 있다.	①	②	③	④	⑤
	3. 나는 기본 헤어커트를 위해 블로킹(섹션)을 할 수 있다.	①	②	③	④	⑤
	4. 나는 기본 헤어커트를 위해 슬라이스(파팅)를 할 수 있다.	①	②	③	④	⑤
	5. 나는 기본 헤어커트를 위해 시술각도를 조절할 수 있다.	①	②	③	④	⑤
	6. 나는 원랭스, 그라데이션, 레이어 유형을 커트할 수 있다.	①	②	③	④	⑤
기본 헤어커트 마무리하기	1. 나는 고객의 얼굴과 목 등에 묻은 잔여 머리카락을 제거할 수 있다.	①	②	③	④	⑤
	2. 나는 사용한 헤어커트 도구와 시술한 주변을 즉시 정리 정돈 할 수 있다.	①	②	③	④	⑤
	3. 나는 시술 후 고객 만족도를 파악하여 필요한 경우 수정, 보완하는 헤어커트를 할 수 있다.	①	②	③	④	⑤
	4. 나는 헤어커트 유형에 적합한 도구와 기법으로 헤어스타일을 마무리할 수 있다.	①	②	③	④	⑤

〈진단결과〉

진단영역	문항 수	점 수	점수 ÷ 문항 수
기본 헤어커트 준비하기	3		
기본 헤어커트 시술하기	6		
기본 헤어커트 마무리하기	4		
합계 문항수	13		

◈ 자신의 점수를 문항 수로 나눈 값이 '3점'이하에 해당하는 영역은 업무를 성공적으로 수행하는데 요구는 능력이 부족한 것으로 교육훈련이나 개인학습을 통한 개발이 필요함.

[학습 후]

응용헤어커트	능력단위코드명	능력단위명
	1201010106_14v2	응용 헤어 커트

진단영역	진단문항	매우 미흡	미흡	보통	우수	매우 우수
응용 헤어커트 준비하기	1. 나는 고객의 모류, 모량, 모발 성질, 모발 손상 등을 판단하여 디자인을 결정할 수 있다.	①	②	③	④	⑤
	2. 나는 고객의 얼굴형, 두상, 신장, 체형 등을 판단하여 디자인을 결정할 수 있다.	①	②	③	④	⑤
	3. 나는 고객의 요구와 상담결과에 의해 디자인을 결정할 수 있다.	①	②	③	④	⑤
	4. 나는 고객에게 어깨보, 커트보, 가운 등을 착용해 줄 수 있다.	①	②	③	④	⑤
	5. 나는 헤어커트 유형과 모발 상태에 따라 샴푸 또는 분부기로 모발의 수분량을 조절할 수 있다.	①	②	③	④	⑤
응용 헤어커트 시술하기	1. 나는 콤비네이션(combination) 스타일에 따라 선택한 커트도구를 사용할 수 있다.	①	②	③	④	⑤
	2. 나는 콤비네이션 스타일에 따라 선택한 커트기법으로 시술할 수 있다.	①	②	③	④	⑤
	3. 나는 디자인 요소가 반영된 콤비네이션 스타일로 커트할 수 있다.	①	②	③	④	⑤
응용 헤어커트 마무리하기	1. 나는 고객의 얼굴과 목 등에 묻은 잔여 머리카락을 제거할 수 있다.	①	②	③	④	⑤
	2. 나는 사용한 헤어커트 도구와 시술한 주변을 즉시 정리, 정돈할 수 있다.	①	②	③	④	⑤
	3. 나는 시술 후 고객 만족도를 파악하여 필요한 경우 수정, 보완하는 헤어커트를 할 수 있다.	①	②	③	④	⑤
	4. 나는 헤어커트 유형에 적합한 도구와 기법으로 헤어스타일을 마무리할 수 있다.	①	②	③	④	⑤

〈진단결과〉

진단영역	문항 수	점 수	점수 ÷ 문항 수
응용 헤어커트 준비하기	5		
응용 헤어커트 시술하기	3		
응용 헤어커트 마무리하기	4		
합계 문항수	12		

◈ 자신의 점수를 문항 수로 나눈 값이 '3점'이하에 해당하는 영역은 업무를 성공적으로 수행하는데 요구는 능력이 부족한 것으로 교육훈련이나 개인학습을 통한 개발이 필요함.

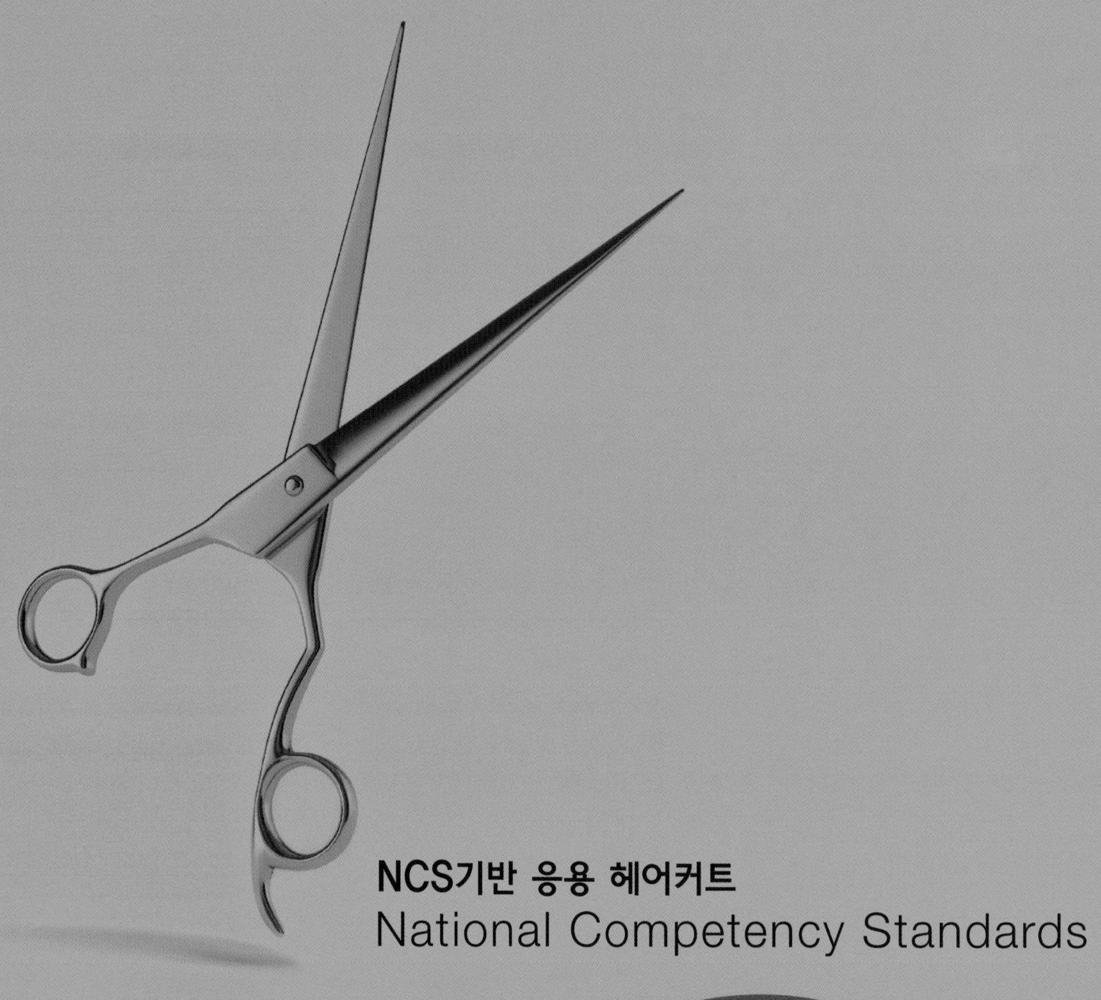

NCS기반 응용 헤어커트

National Competency Standards

NCS

chapter 02

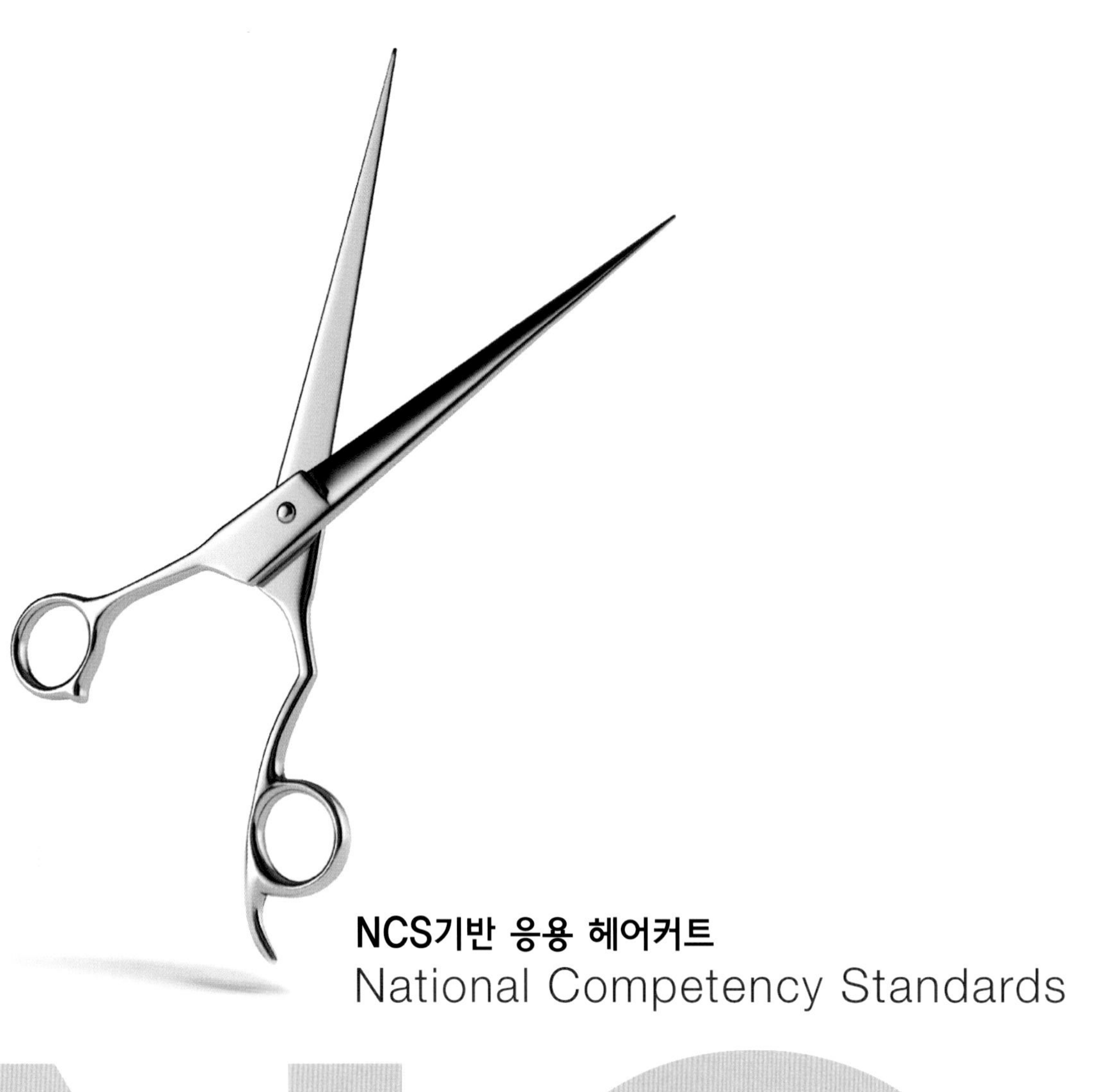

NCS기반 응용 헤어커트

National Competency Standards

교과목 소개

1

학습내용 (단원명)	교과목 소개
수업목표	• 헤어커트의 기본형을 이해하여 정의할 수 있다. • 헤어스타일을 분석할 수 있다.

1. 헤어디자인의 이해

1) 두상의 포인트

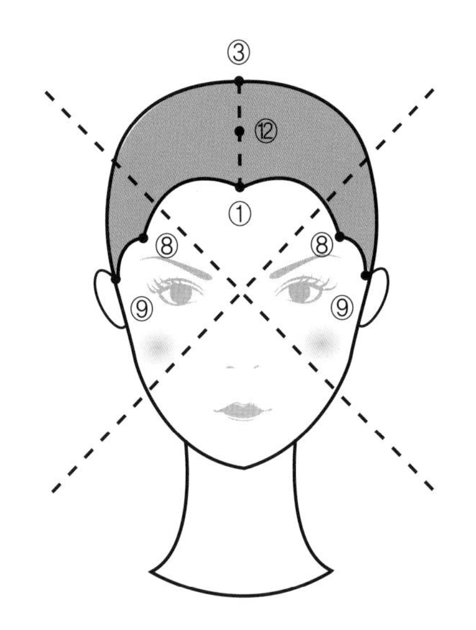

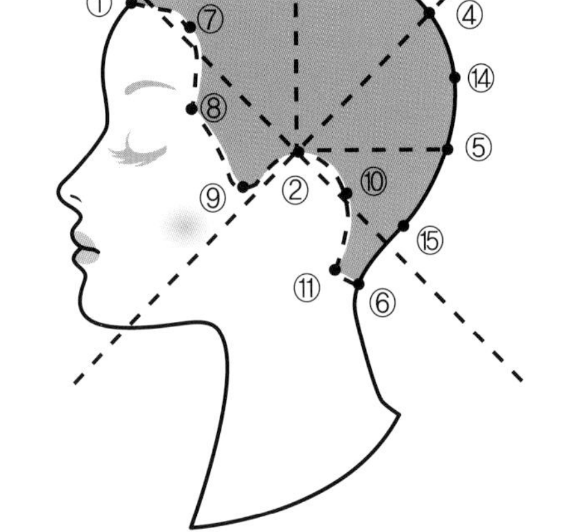

①**C.P**(Center Point)
②**E.P**(Ear Point)
③**T.P**(Top Point)
④**G.P**(Golden Point)
⑤ **B.P**(Back Point)
⑥**N.P**(Nape Point)
⑦**F.S.P**(Front Side Point)
⑧**S.P**(Side Point)
⑨**S.C.P**(Side Corner Point)
⑩**E.B.P**(Ear Back Point)
⑪**N.S.P**(Nape Side Point)
⑫**C.T.M.P**(Center Top Medium Point)
⑬**T.G.M.P**(Top Golden Medium Point)
⑭**G.B.M.P**(Golden Back Medium Point)
⑮**B.N.M.P**(Back Nape Medium Point)

2) 두상의 명칭

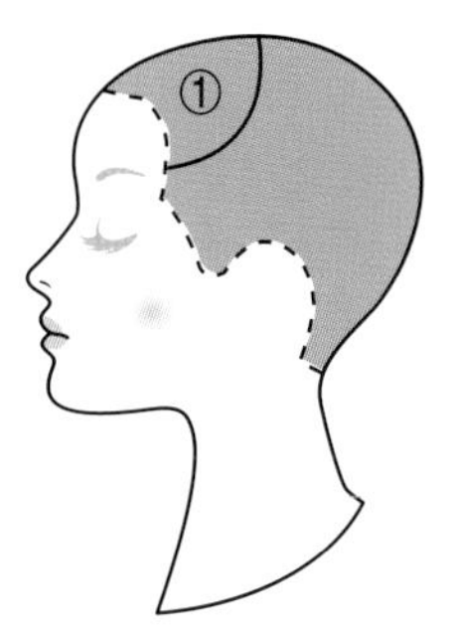

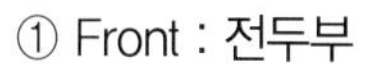

① Front : 전두부

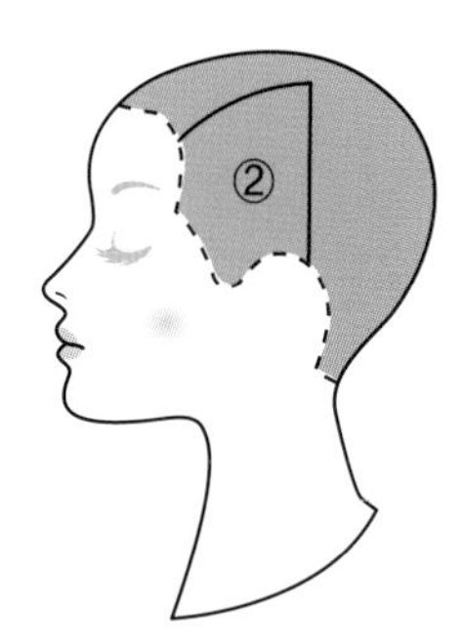

② Side : 측두부

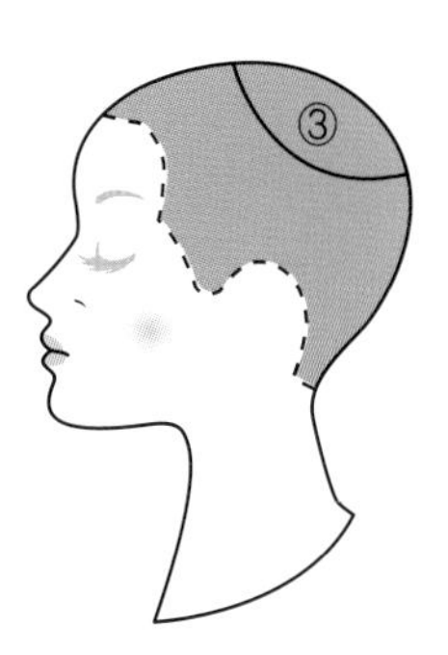

③ Crown : 두정부

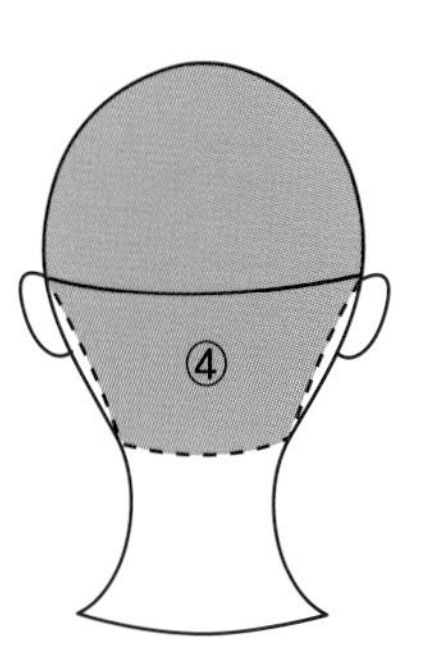

④ Nape : 후두부

3) 두상의 기본라인

① **정중선 :** 코를 중심으로 두부 좌 · 우를 수직 2등분하는 선

② **측중선 :** T.P와 E.P에서 수직으로 내린 선

③ **측두선 :** F.S.P에서 측중선까지 연결한 선

④ **페이스라인 :** 전면부의 모발이 나기 시작한 구간

⑤ **네이프라인 :** 네이프 지역에 모발이 나기 시작한 구간

⑥ **햄라인 :** 전체적으로 모발이 나기 시작한 구간

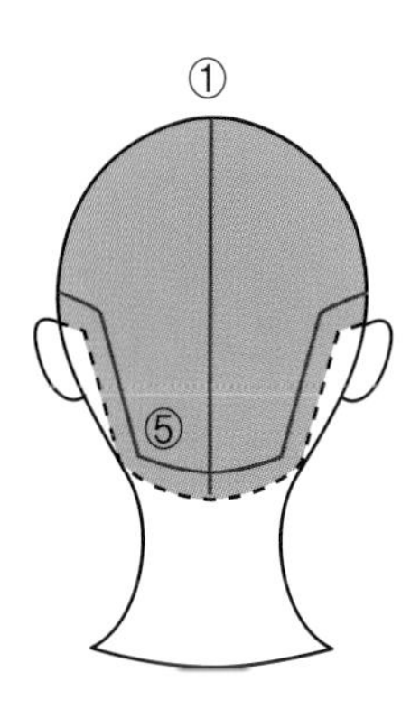

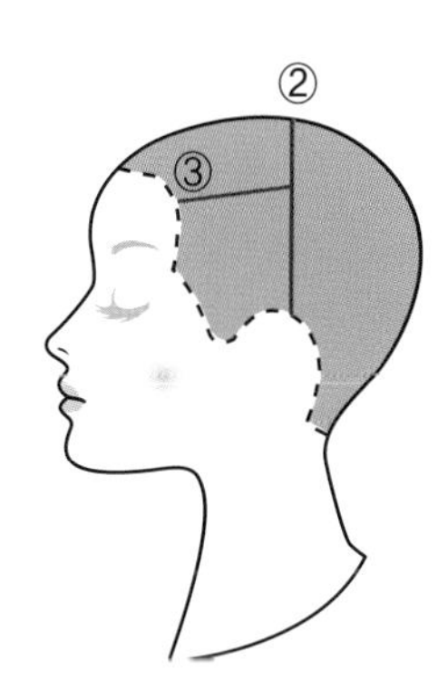

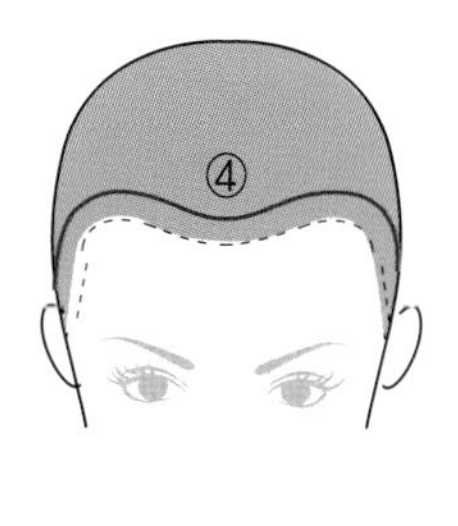

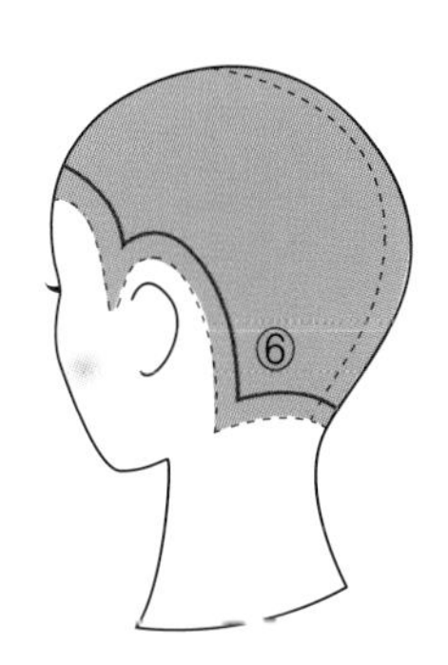

2. 헤어커트의 기본형태 연구

● 원랭스

모든 모발을 자연시술각을 이용하여 각도를 들지 않고 하나의 레벨에 맞춘다. 네이프에서 탑 쪽으로 길이가 길어져 매끄러운 표면 질감이 형성된다. 솔리드라고도 한다.

● 그래쥬에이션

위가 길고 아래가 짧은 구조로 너비가 확장되면 가장 넓은 부분에 무게감이 생긴다. 두상에서 들어 올리는 시술각의 높낮이로 무게의 위치가 이동된다.

● 인크리스레이어

전체적으로 가벼워 보이고 네이프에서 탑으로 갈수록 머리길이가 짧아져 겹겹이 쌓인 층이 보이는 형태이다. 층이 많이 보여 거친 느낌이 나며 길이를 유지하면서 층을 내어 볼륨감을 희망하는 고객에게 적용하면 좋은 스타일이다.

한다.

● 세임레이어

모든 모발의 길이가 같고 두상의 둥근 모양이 그대로 보이며 거친 질감이 나타난다. 유니폼 레이어라고도 한다.

3. 헤어스타일 분석

헤어스타일은 세로 구조의 길이변화에 의해 질감이 달라지므로 그에 따른 명칭이 원랭스, 그래쥬에이션, 인크리스레이어, 세임레이어 등으로 정해진다. 헤어스타일의 세로 구조와 가로의 아웃라인은 그 중요도가 대등하다. 세로구조에 의해 질감이 결정된다면, 가로구조는 길이와 형태선의 결정으로 신체의 결점보완 및 장점을 강화시키는 힘이 있다.

지금부터 세로와 가로를 이용하여 헤어스타일을 분석해보자.

● 세로 분석

세로간의 길이 배열을 분석함으로써 구조를 파악할 수 있다. 위, 아래의 길이가 같은 세임레이어에서 위쪽의 길이가 점차 길이지면 그레쥬에이션에서 솔리드로 변화가 진행된다.

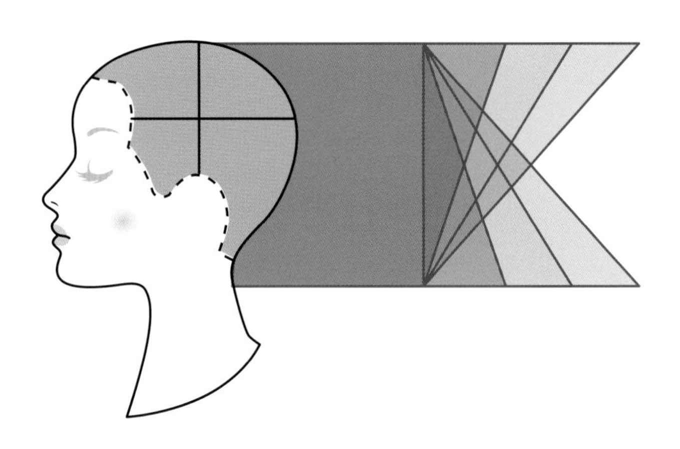

● 가로

모발이 중력에 의해 두상 곡면 위로 자연스럽게 떨어졌을 때 보이는 모습이다. 이때 질감과 무게지역, 길이와 형태선을 관찰할 수 있다. 형태선은 수평선과 대각선, 컨케이브와 컨백스로 구성될 수 있다.

수평 | 전대각 | 후대각 | 컨케이브 | 컨백스

1) 선의 방향성 *Line Direction*

선의 진로이며, 선의 전환이 면을 완성한다. 크게 직선과 곡선으로 나뉘며 수평, 수직, 대각, 컨백스, 컨케이브 파팅 등이 있다.

● 직선

(1) 호리존털 *Horizontal* **(수평)**

시선의 방향을 가로로 유도하여 너비감이 강조된다.

(2) 버티컬 *Vertical* **(수직)**

시선의 방향을 세로로 유도하여 길이감이 강조된다.

(3) 다이애거널 *Diagonal* **(대각)**

너비와 길이감의 조화를 유도하며 역동미가 강조된다.

① 다이애거널 백 Diagonal back (후대각)

② 다이애거널 포워드 Diagonal forward (전대각)

③ 다이애거널 레프트 Diagonal left (좌대각)

④ 다이애거널 라이트 Diagonal right(우대각)

(4) 컨케이브 *Concave*

∧라인의 흐름으로 경사도에 의해 컨케이브의 완급이 결정된다.

(5) 컨백스 *Convex*

∪라인의 흐름으로 경사도에 의해 컨백스의 부드러움이 결정된다.

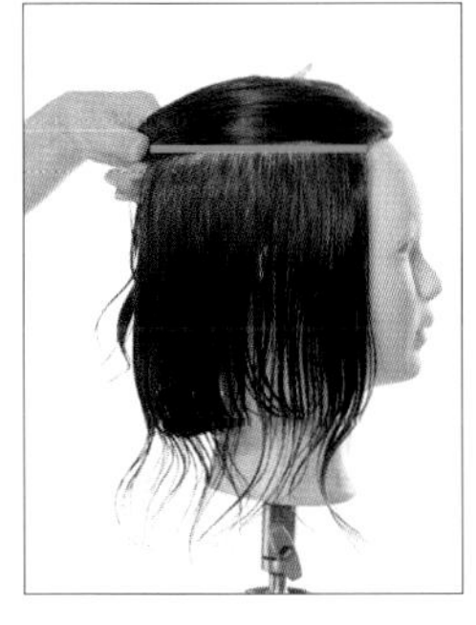
수평파팅

수직파팅

전대각파팅

후대각파팅

2) 베이스 컨트롤 *Base Control*

(1) 온 베이스 *On Base*

베이스의 중심이 90°가 되게 한다. 파팅의 접점이 베이스의 중심에 위치해 동일한 길이로 커트된다. 파팅의 폭이 크면 연결감이 좋지 않다.

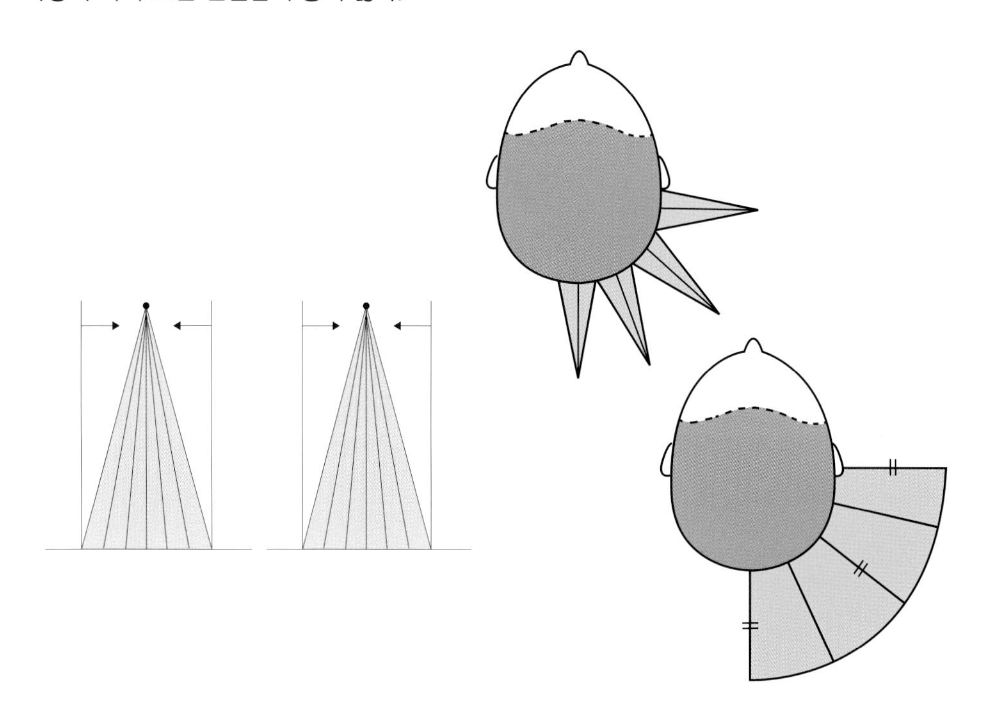

(2) 사이드 베이스 *Side Base*

파팅의 한 변이 90°가 되도록 하는 것으로, 파팅의 접점이 베이스의 한쪽 변에 위치한다. 따라서 반대쪽으로 길이가 증가되므로 파팅의 양에 따라 길이 증가의 비율을 조절할 수 있다.

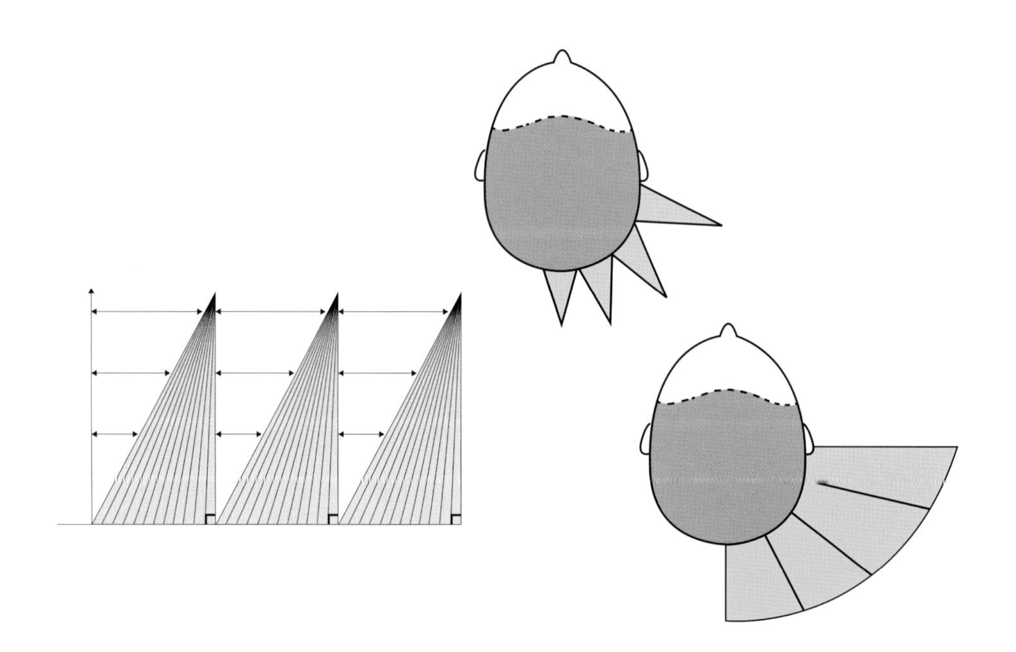

(3) 오프 베이스 *Off Base*

파팅의 접점이 베이스를 벗어나 있으므로, 접점의 반대 방향으로 길이 증가하게 된다.
접점이 베이스를 많이 벗어날수록 길이가 증가되므로 급격한 길이 변화가 필요할 때 사용된다.

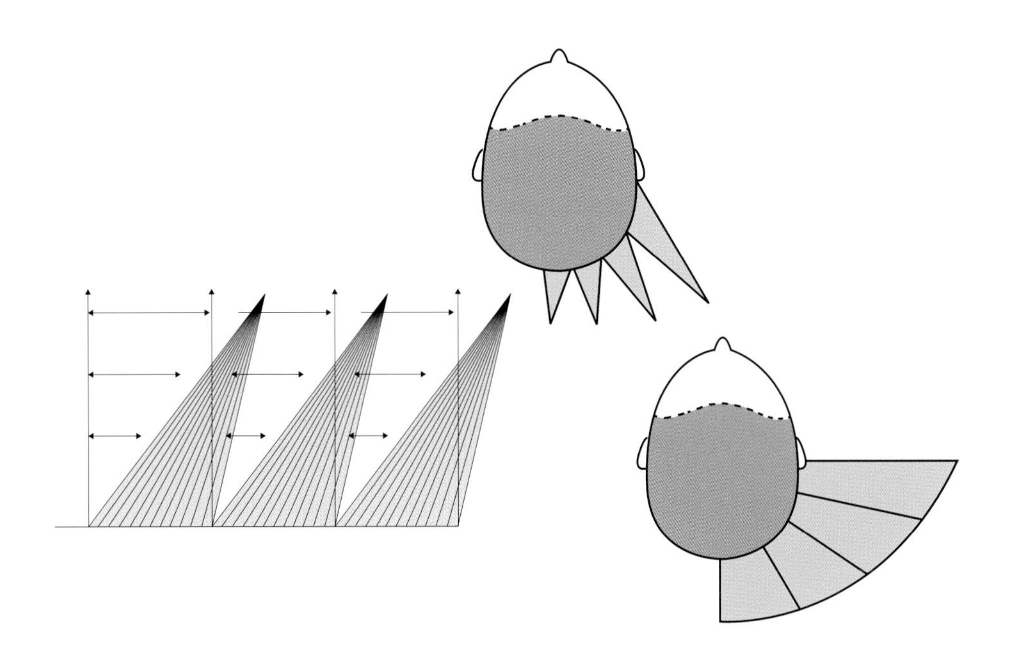

(4) 프리 베이스 *Free Base*

자연스럽게 길거나 짧아지는 형태로 온 베이스와 사이드 베이스의 중간에 위치하며 급격한 변화가 필요하지 않을 때 사용한다.

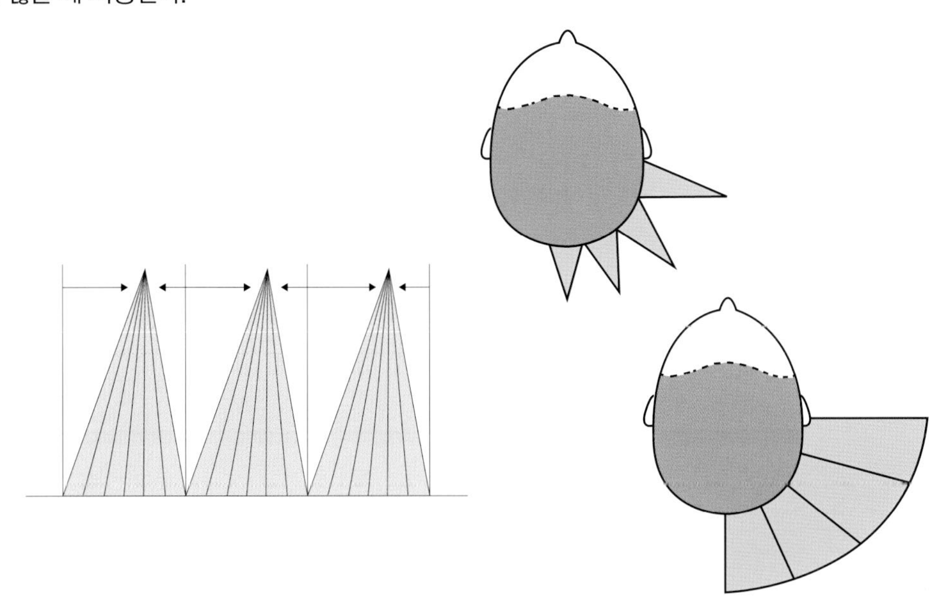

3) 각도 *Angle*

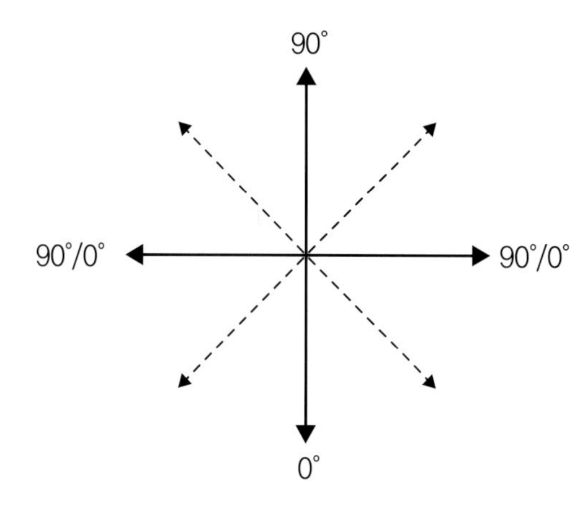

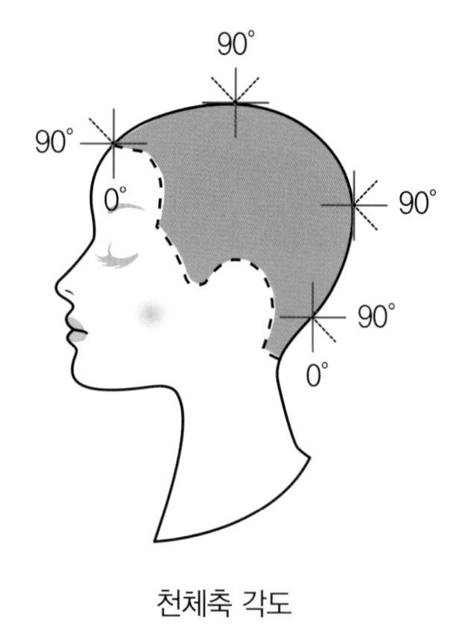

천체축 각도

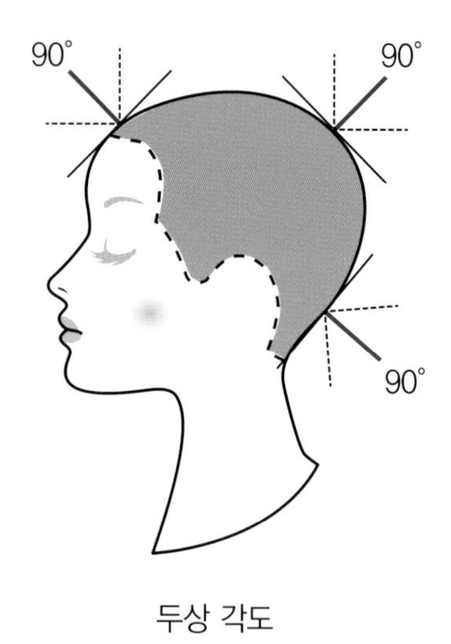

두상 각도

memo

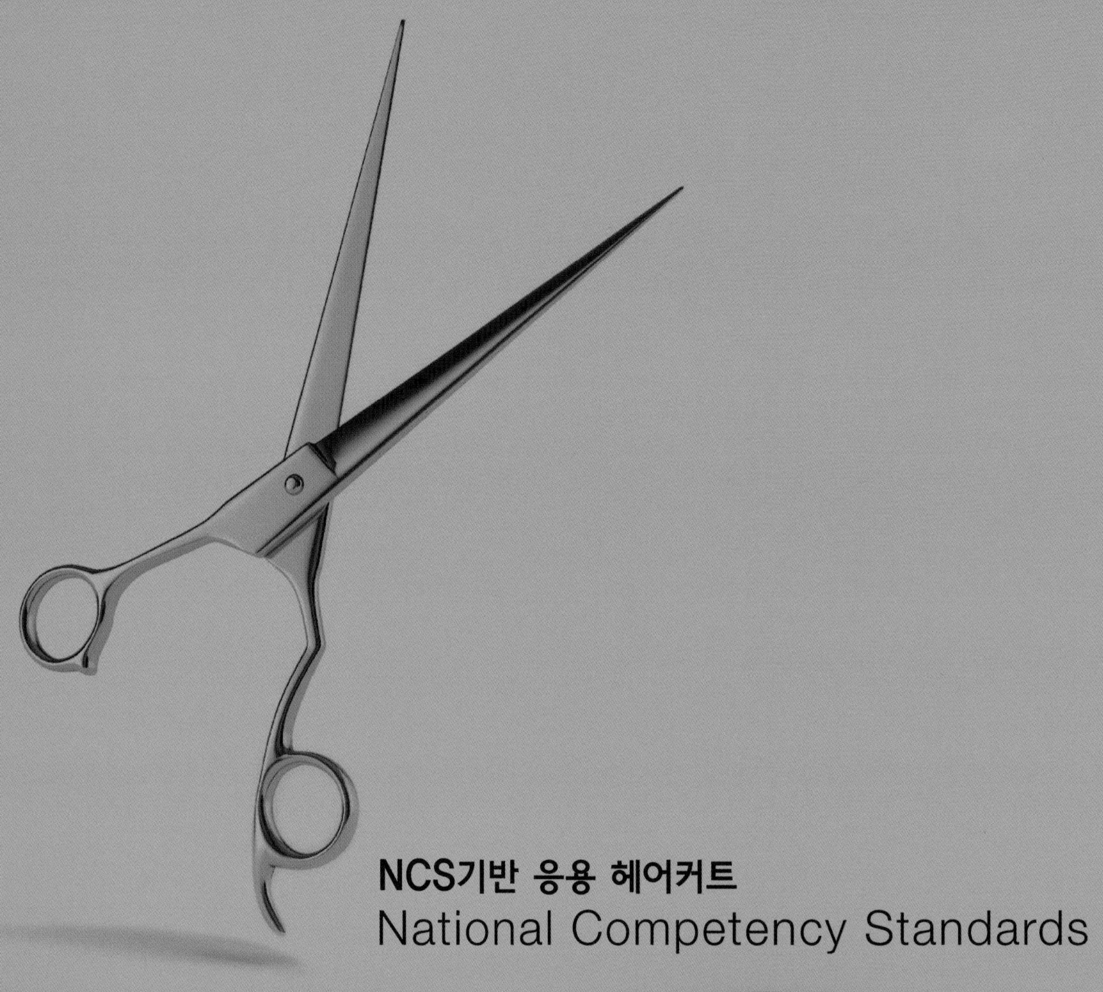

NCS기반 응용 헤어커트

National Competency Standards

NCS

chapter 03

NCS기반 응용 헤어커트

National Competency Standards

원랭스와
그래쥬에이션의 혼합형

학습내용 (단원명)	원랭스와 그래쥬에이션의 혼합형
수업목표	• 원랭스의 특징을 분석할 수 있다. • 그래에이션의 특징을 분석할 수 있다. • 두상의 특징을 분석할 수 있다. • 온 베이스 컨트롤을 시술할 수 있다.

1. 응용 헤어커트 준비하기

형태선의 무게감을 유지하기 위해 수평의 원랭스형과 그래쥬에이션형의 혼합형을 시술한다. 이때 인사이드의 그래쥬에이션은 두상의 곡면에 의한 길이증가를 나타내는 것에 주목한다.

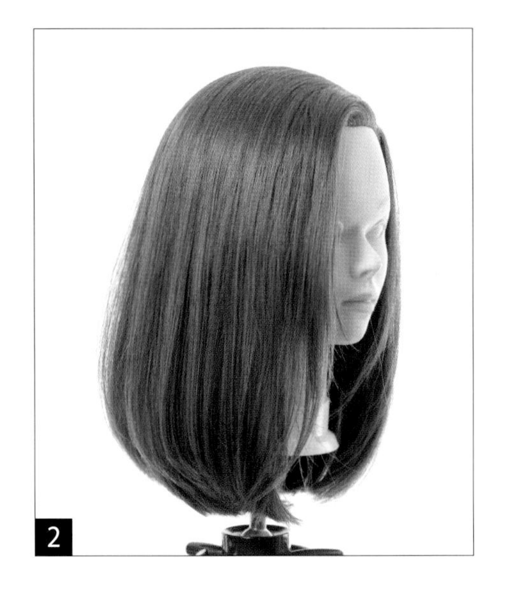

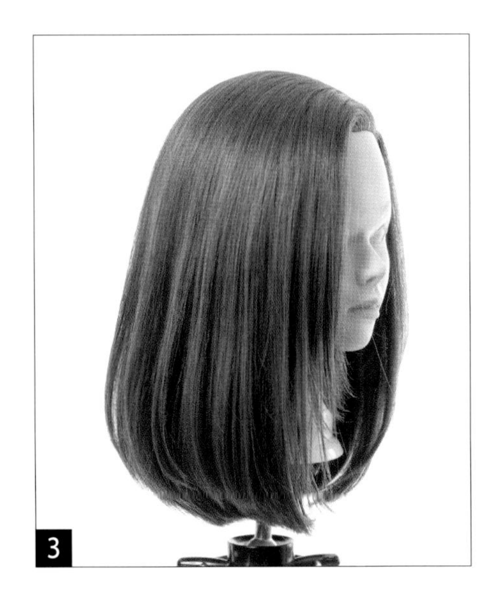

2. 응용 헤어커트 시술하기

A. 크레스트를 기준으로 섹션을 나눈다.

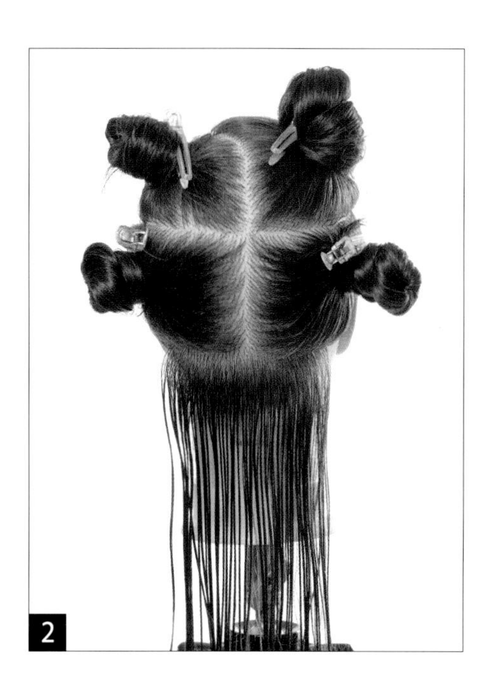

B. 백부분을 수평파팅, 자연분배, 자연시술각으로 원랭스를 커트한다. 백부분의 길이를 체크한다.

C. 사이드도 자연시술각을 유지하며 커트한다.

D. 백 인사이드는 수직&피봇파팅, 뒤쪽으로 똑바로 빗질하여 온베이스로 커트한다. 사이드는 이어 투 이어라인에 고정하여 앞으로 길이가 증가되도록 한다.

2

3

4

5

6

7

8

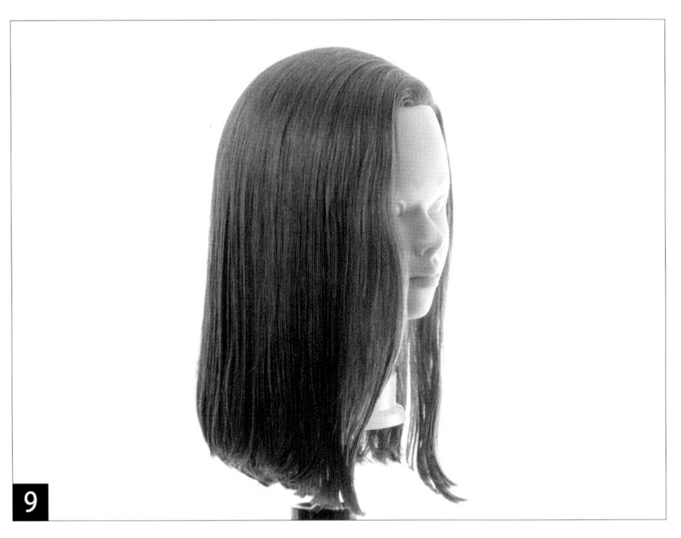
9

10

E. 탑부분에 무게감을 최소화하기 위해 직사각형 섹션으로 똑바로 들어서 포인팅하여 정리한다.

1

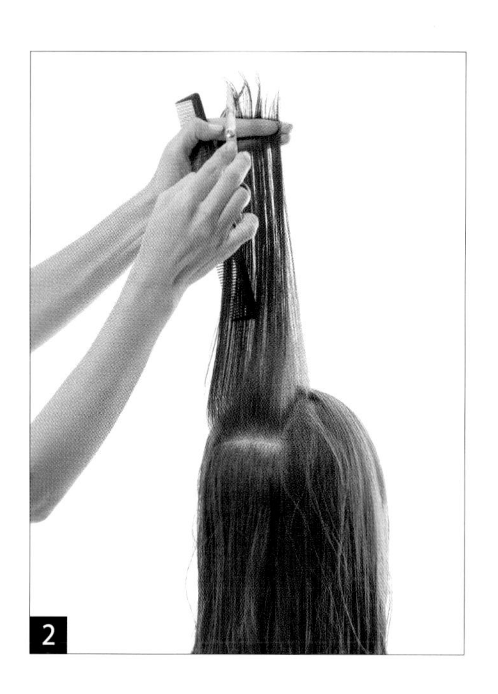
2

F. 훼이스 라인은 낮은시술각으로 슬라이드 커트하여 얼굴 주변을 부드럽게 연결한다. 좌우 균형을 확인한다.

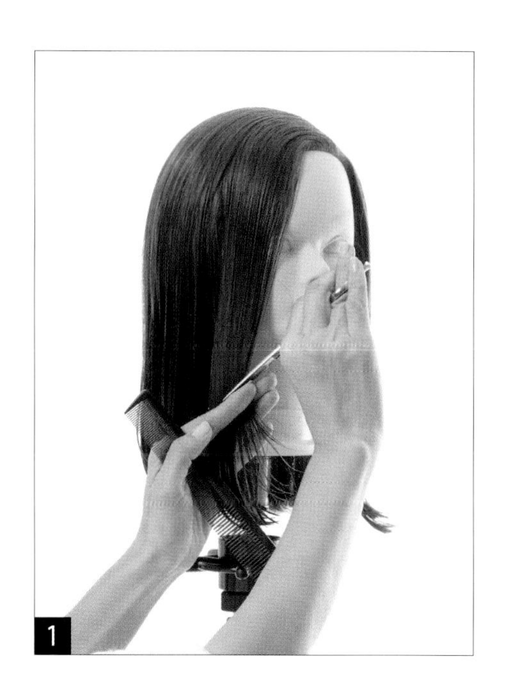
1

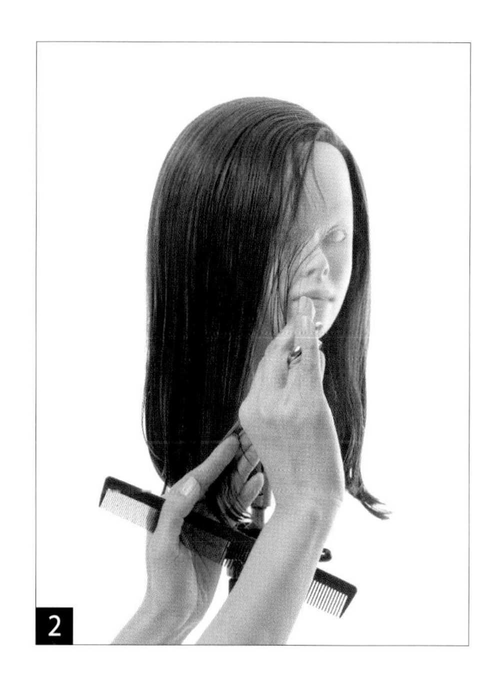
2

3

4

5

6

3. 응용 헤어커트 마무리하기

1

2

3

NCS기반 응용 헤어커트

National Competency Standards

컨케이브의 그래쥬에이션형

학습내용 (단원명)	컨케이브의 그래쥬에이션형
수업목표	• 컨케이브 라인의 특징을 설명할 수 있다. • 그래쥬에이션형의 시술각의 범주를 말할 수 있다.

1. 응용 헤어커트 준비하기

헤어라인의 무게를 유지하기 위해 전대각의 원랭스형을 커트한다. 형태선을 유지하며 섹션별로 시술각의 진행으로 입체감 있는 그래쥬에이션형을 표현한다.

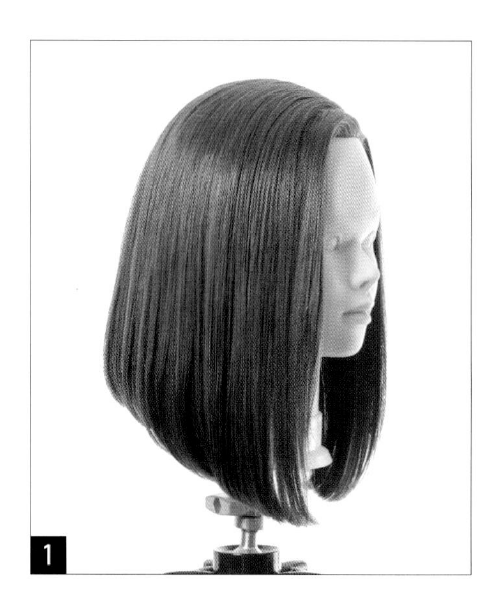
1

2

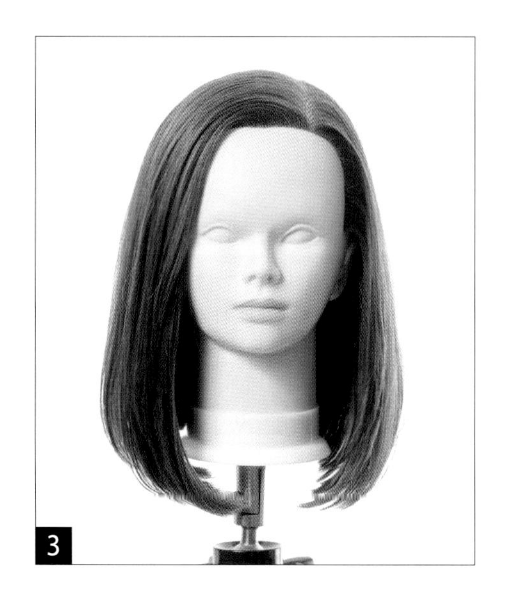
3

2. 응용 헤어커트 시술하기

A. 헤어라인을 따라 섹션한다.

1

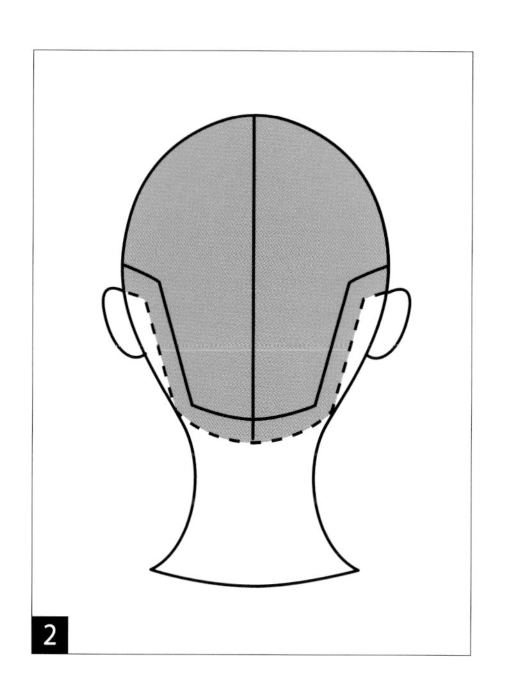
2

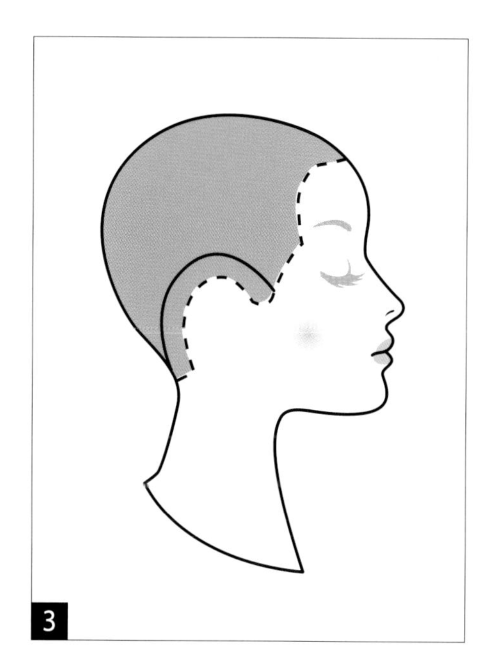
3

B. 두상을 똑바로 하고 자연시술각 상태를 유지하여 전대각의 형태선을 커트한다.

1

2

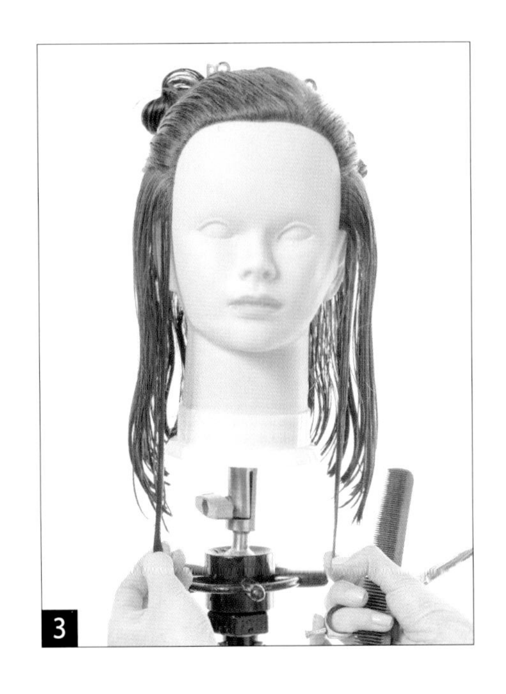
3

4

C. 시술각의 범주에 따라 섹션을 구분한다. 형태선을 유지하면서 전대각 파팅, 직각분배하여 낮은시술각으로 블런트커트한다.

D. 두상의 위로 올라갈수록 시술각을 진행하여 커트한다. 중간시술각,직각분배,파팅에 평행으로 작업하다가 헤어라인과 연결하기 위해 손위치가 비평행하게 바뀐다. 헤어라인의 형태선이 유지될 수 있도록 주의한다. 나칭테크닉으로 형태선을 부드럽게 커트해간다.

1

2

3

4

E. 크레스트에서는 이전에 커트한 길이에 인사이드 부분의 모발을 모아서 커트한다.백에서 컨케이브라인을 확인한다.

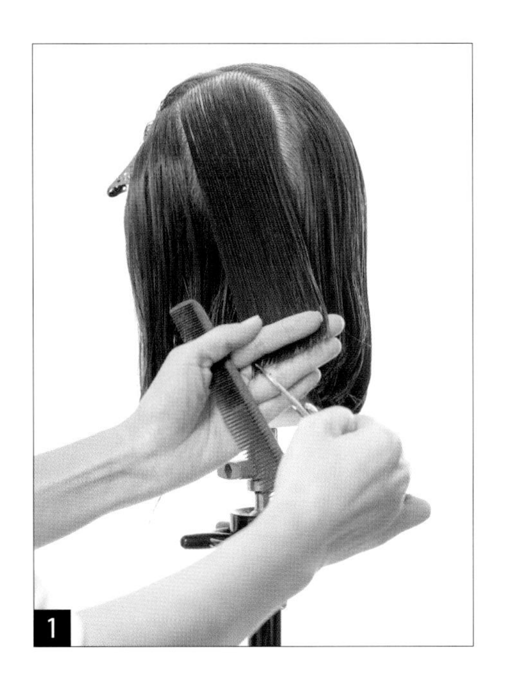

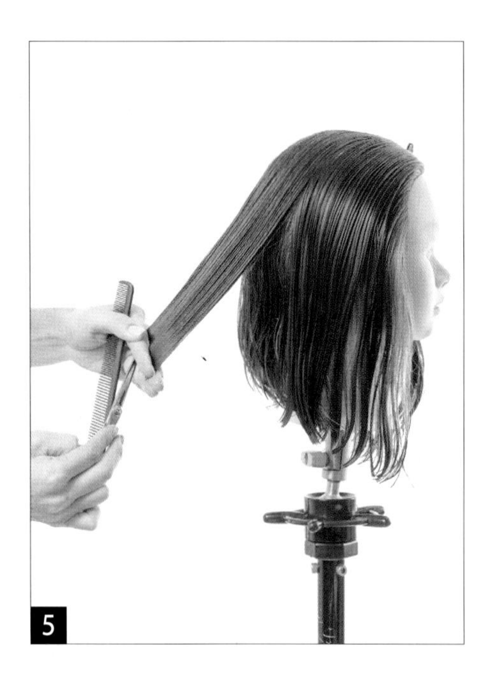
5

6

7

3. 응용 헤어커트 마무리하기

1

2

3

NCS기반 응용 헤어커트

National Competency Standards

원랭스 응용

4

학습내용 (단원명)	원랭스 응용
수업목표	• 원랭스형을 시술하기 위해 지켜야할 사항을 나열할 수 있다. • 원랭스형의 특징을 분석할 수 있다. • 텐션을 최소화 할 수 있는 커트 방법을 설명할 수 있다.

1. 응용 헤어커트 준비하기

원랭스의 모양을 유지하기 위해서 두상의 위쪽으로 이동하면서 길이를 조금씩 길게 커트하여 완성한다.

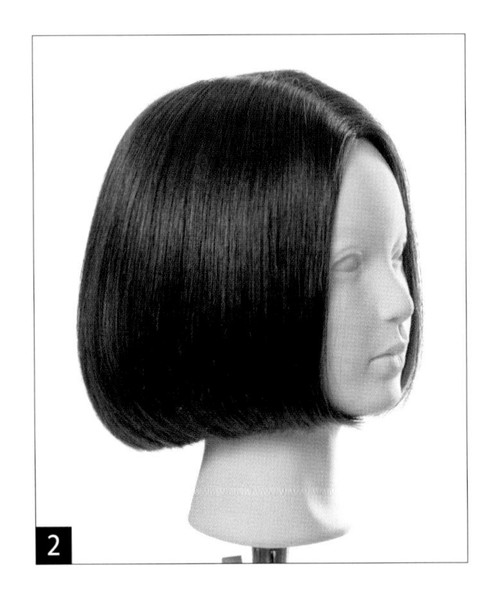

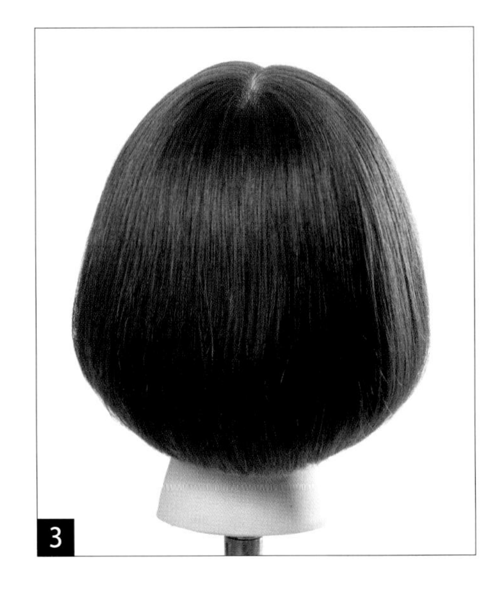

2. 응용 헤어커트 시술하기

A. 크레스트로 섹션을 구분한다.

B. 아웃사이드는 두상을 숙인 상태를 유지하며 0도 시술각으로 수평의 원랭스를 커트한다. 콤컨트롤 테크닉을 사용하여 최소한의 텐션으로 커트한다.

3

4

5

6

C. 사이드는 두상을 똑바로 유지하며 자연분배, 0°시술각을 유지하며 수평으로 커트한다. 대칭을 확인한다.

1

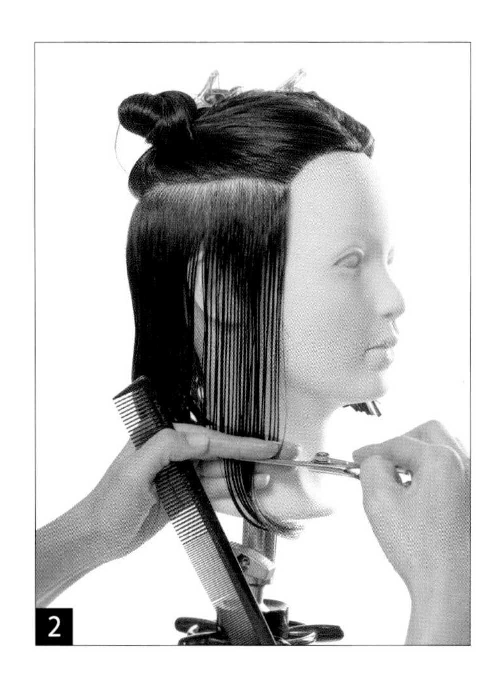
2

3

D. 인사이드는 두상을 똑바로 하고 수평파팅, 자연분배, 자연시술각으로 위로 커트할수록 길이를 조금씩 길게 커트한다.

5

6

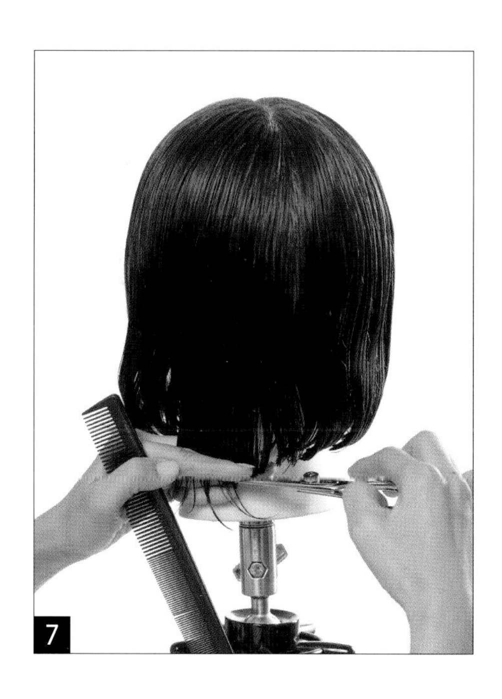
7

8

9

10

11

E. 인사이드 부분에 슬라이드 테크닉으로 표면의 율동감을 표현한다.

1

2

3. 응용 헤어커트 마무리하기

컨백스 라인의 그래쥬에이션형

학습내용 (단원명)	컨벡스 라인의 그래쥬에이션형
수업목표	• 그래쥬에이션의 특징을 설명할 수 있다. • 컨벡스 라인의 특징을 설명할 수 있다. • 파팅에서 직각으로 빗질되는 것을 이해하여 시술할 수 있다.

1. 응용 헤어커트 준비하기

곡선의 이미지를 연출하기 위해 컨벡스 라인으로 형태선을 커트하고, 최소한의 단차와 무게감을 유지하기 위해 고정디자인라인으로 커트한다.

1

2

2. 응용 헤어커트 시술하기

A. 사이드파트하여 센터백으로 섹션하고, 헤어라인을 따라 파팅을 내린다.

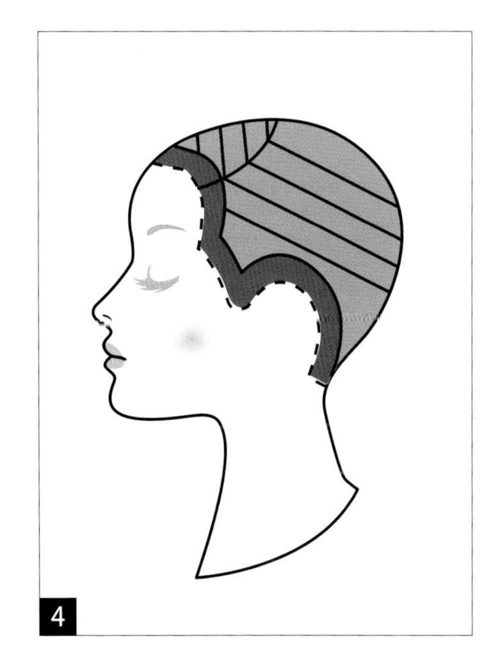

B. 형태선을 후대각으로 자연분배, 자연시술각 상태에서 커트한다. 좌우대칭을 확인한다.

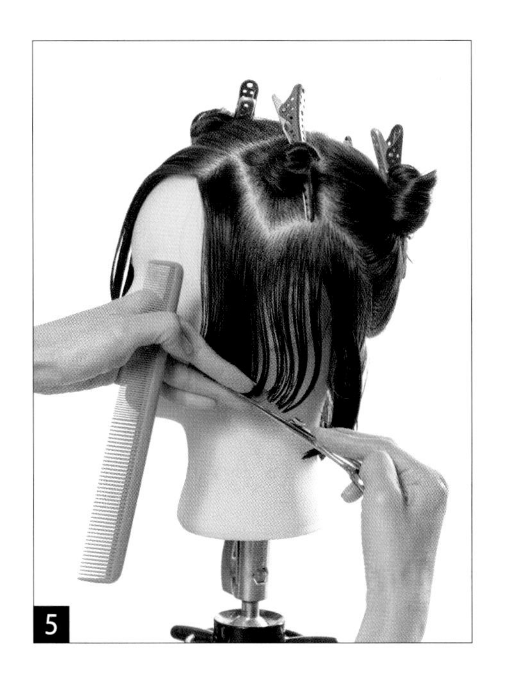

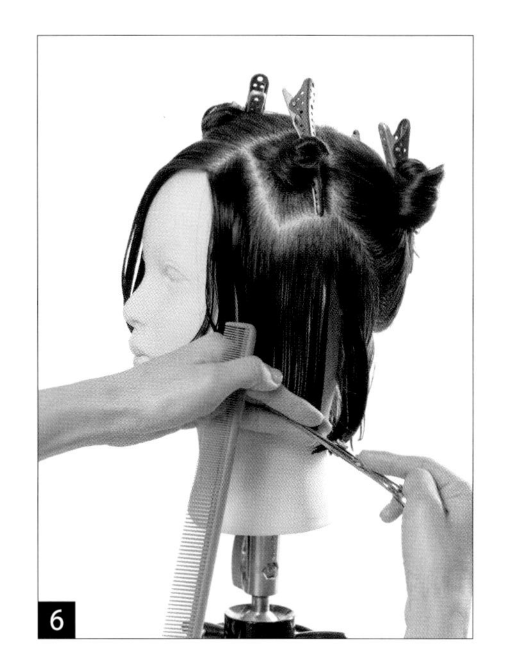

양쪽 사이드의 균형을 확인하고, 백으로 진행한다.

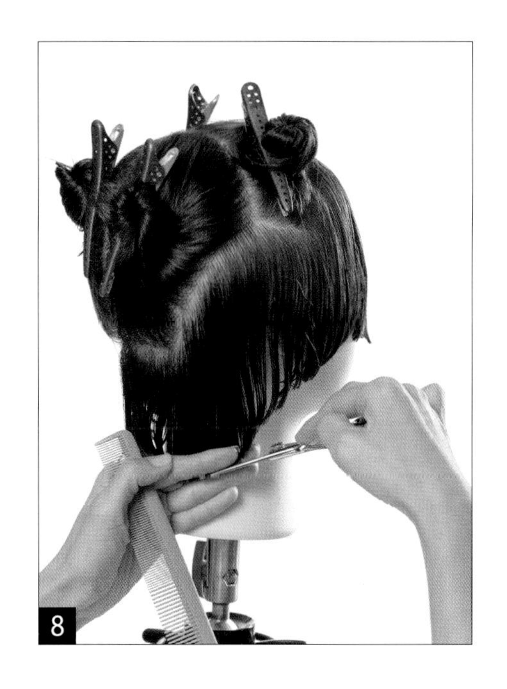

9

10

11

C. 두상을 숙인상태에서 형태선을 유지하며 자연분배, 자연시술각으로 커트한다. 최소한의 텐션으로 콤컨트롤 테크닉을 사용한다. 최소한의 단차를 확인한다.

5

6

7

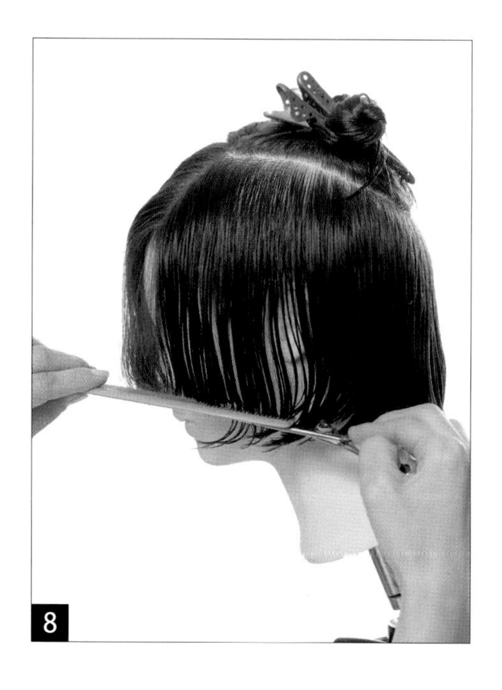
8

D. 가르마를 기준으로 얼굴쪽의 길이를 조화롭게 연결한다.

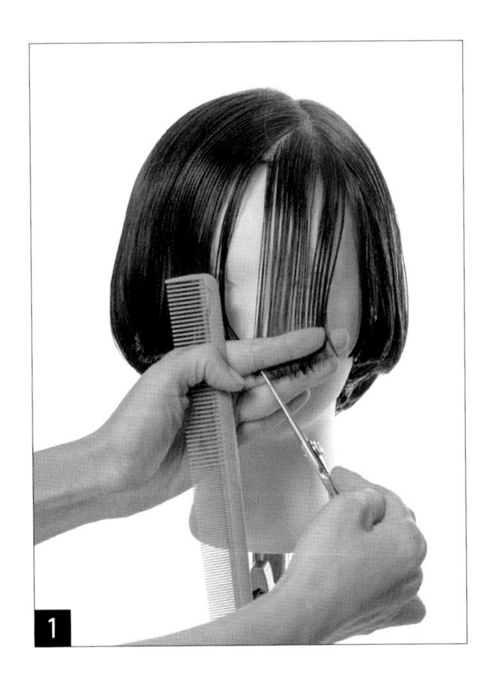

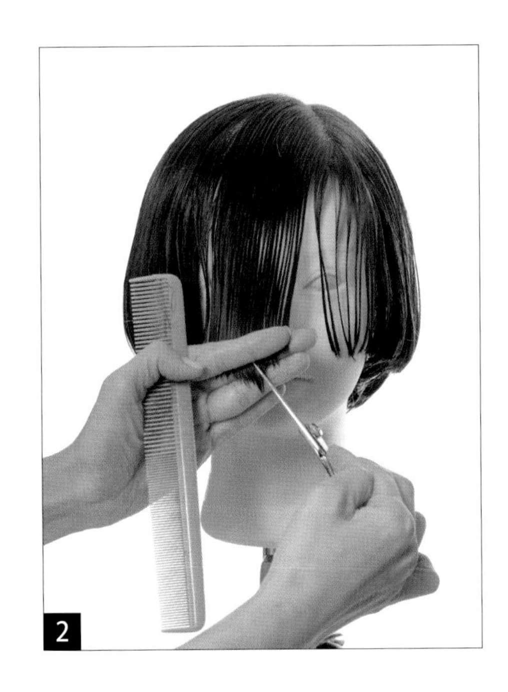

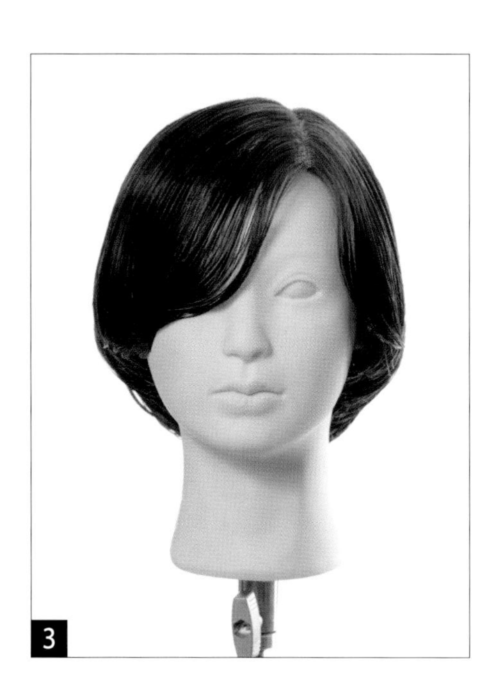
3

E. 틴닝 가위를 이용하여 무게지역을 부드럽게 정리한다.

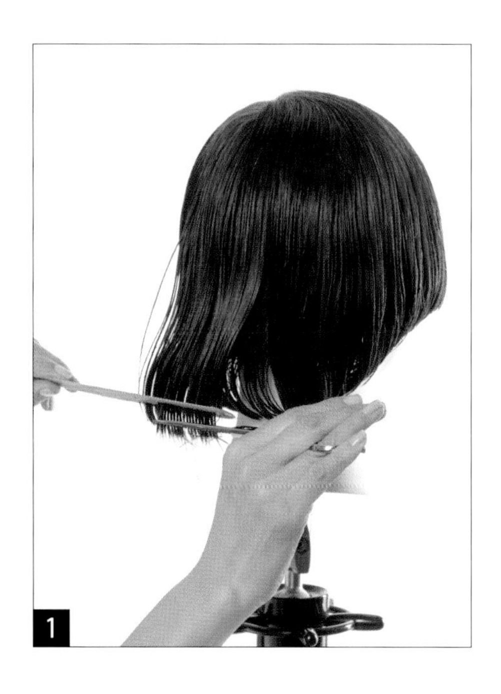
1

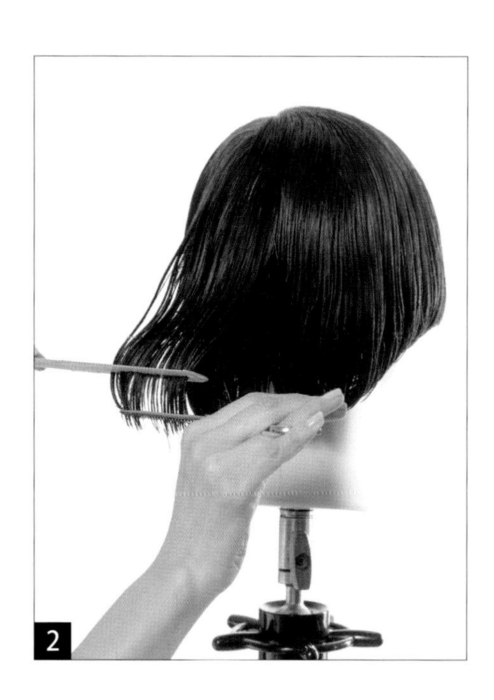
2

3

4

F. (변형)

그래쥬에이션의 무게지역을 변형한다. 피봇파팅, 45˚ 시술각으로 손의 비평행으로 무게지역을 변화시킨다. 센터를 가이드로 모든 머리를 모아서 커트한다. 컨케이브의 릿지를 확인한다.

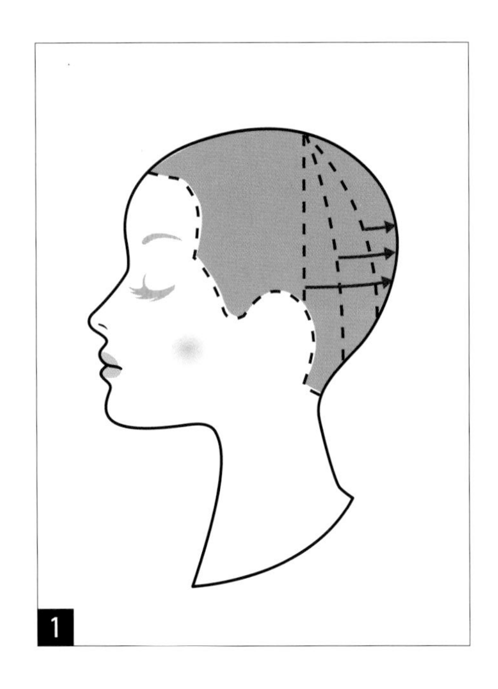
1

2

3

4

5

6

3. 응용 헤어커트 마무리하기

memo

NCS기반 응용 헤어커트

National Competency Standards

컨백스 라인의 그래쥬에이션형과 인크리스 레이어형의 혼합형

학습내용 (단원명)	수평라인의 원랭스형과 인크리스 레이어의 혼합형
수업목표	• 원랭스형의 특징을 설명할 수 있다. • 래져 테크닉의 특징을 설명할 수 있다. • 인크리스 레이어형의 특징을 설명할 수 있다. • 인크리스 레이어형을 표현하기 위한 커트방법을 분별할 수 있다.

1. 응용 헤어커트 준비하기

수평라인의 원랭스형을 커트하고, 얼굴쪽에 가이드 라인을 두고 모든 머리를 모아서 인크리스 레이어를 커트한다. 얼굴쪽에 층이 형성되고 뒤로 갈수록 층이 감소하는 특징이 있다.

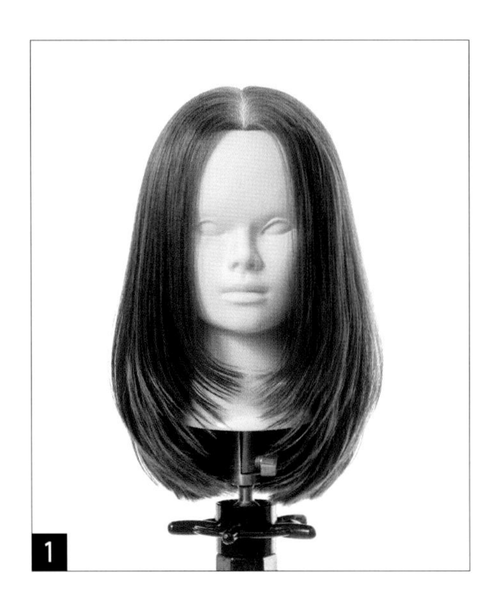
1

2

3

2. 응용 헤어커트 시술하기

A. 센터백, 이어 투 이어 섹션을 나눈다, 수평파팅, 자연시술각을 유지하며 레저 테크닉으로 원랭스 수평라인을 커트한다.

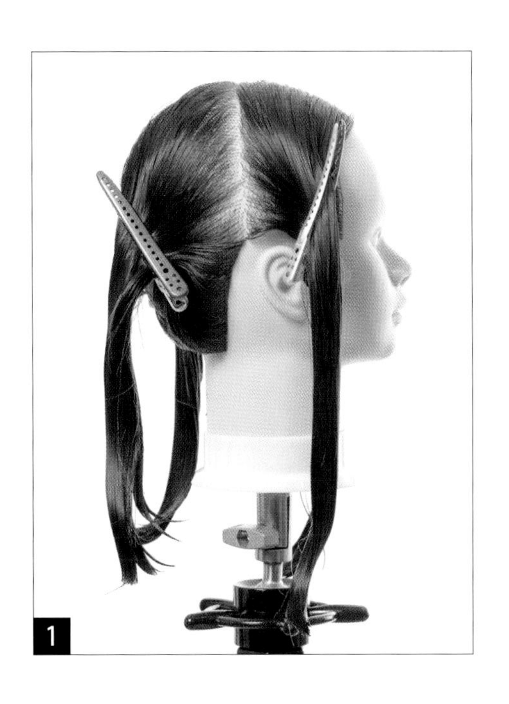

5

6

7

8

9

10

11

12

B. 사이드 코너 포인트의 길이를 유지하면서 길이가이드를 설정한다. 수직파팅으로 얼굴쪽으로 수직 빗질하고 손위치를 바닥과 수직이 되도록 유지한다. 처음 커트된 라인으로 모아서 커트한다. 모발의 방향성을 위해 레져 테크닉으로 시술한다.

3

4

5

6

반대편에도 동일하게 시술한다.

7

8

9

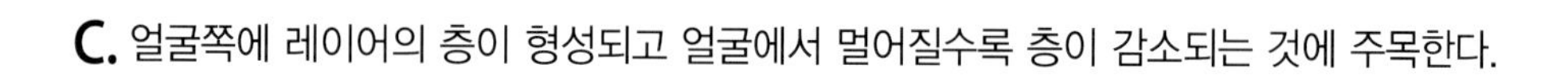

C. 얼굴쪽에 레이어의 층이 형성되고 얼굴에서 멀어질수록 층이 감소되는 것에 주목한다.

1

2

3. 응용 헤어커트 마무리하기

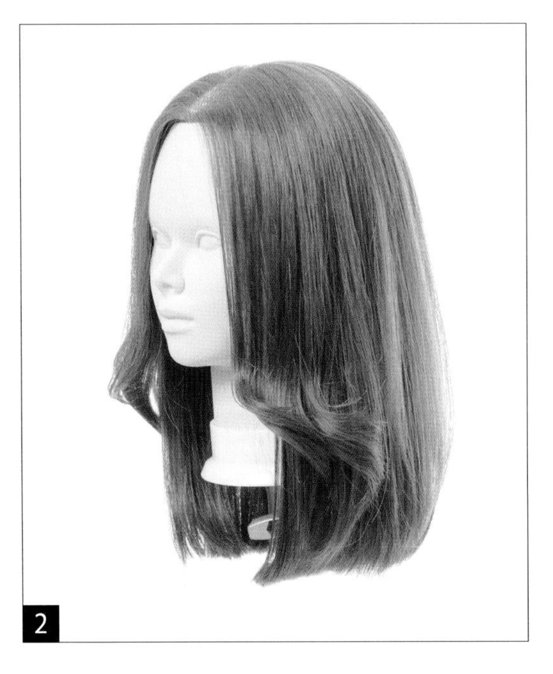

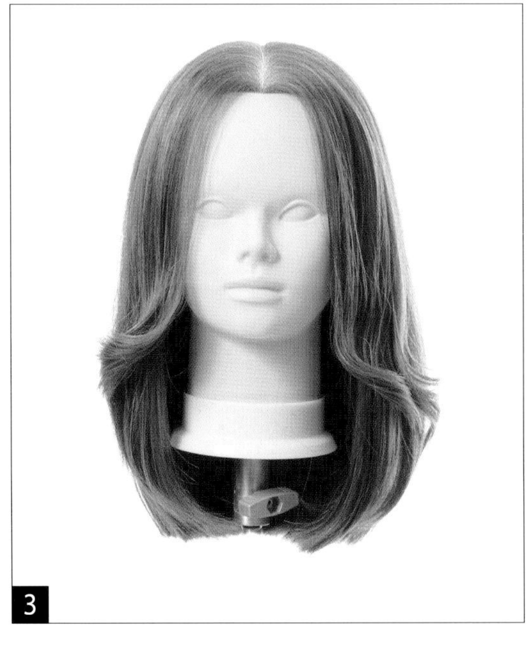

스퀘어 커트를 이용한 혼합형

7

학습내용 (단원명)	스퀘어 커트를 이용한 혼합형
수업목표	• 혼합형의 특징을 분석할 수있다. • 스퀘어 커트의 특징을 설명할 수있다. • 방향 분배의 특징을 설명할 수 있다.

1. 응용 헤어커트 준비하기

수평의 형태선을 유지하며 백에서 스퀘어(수직)커트를 하여 두상의 곡면에 의한 혼합형의 구조를 커트한다. 릿지라인이 컨케이브 라인으로 형성되는 것에 주목한다.

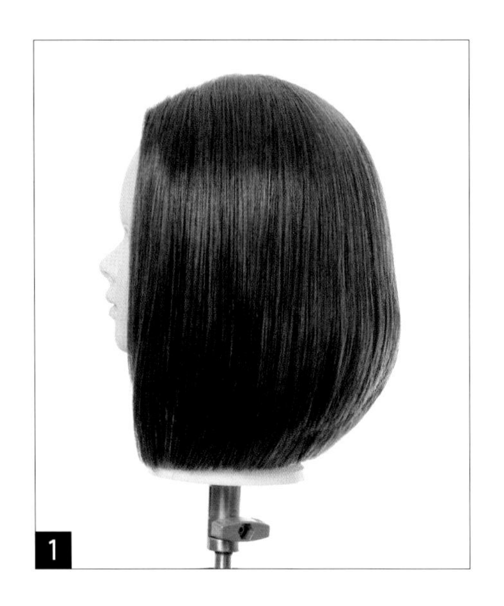

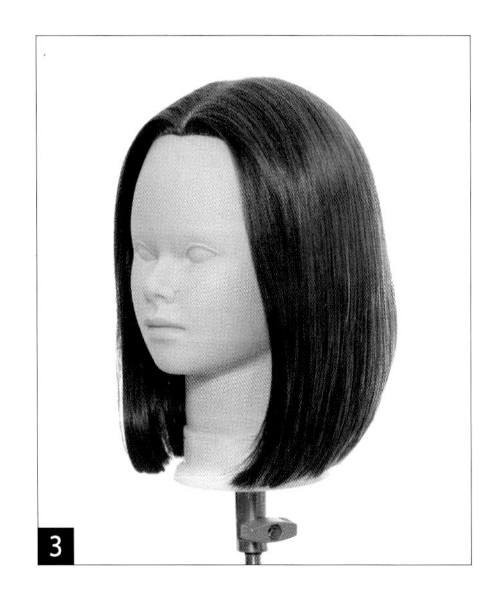

2. 응용 헤어커트 시술하기

A. 수평파팅을 이용하여 두상의 뒤쪽으로 빗질하여 수평의 라인으로 커트한다. 두상의 곡면을 따라 완만한 컨케이브라인이 완성된다.

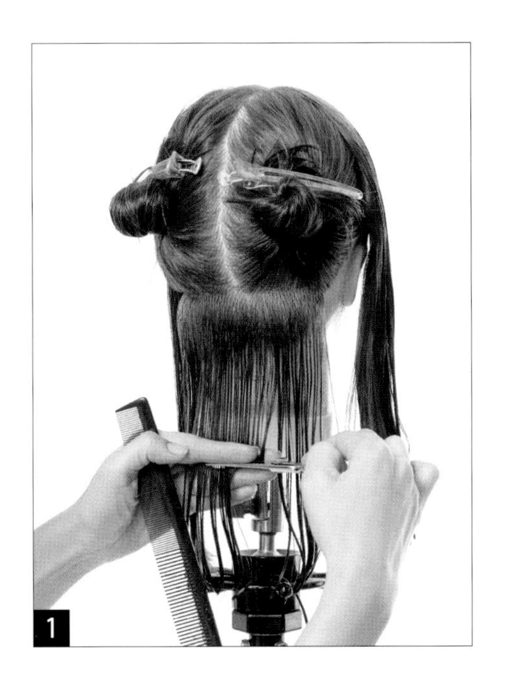
1

2

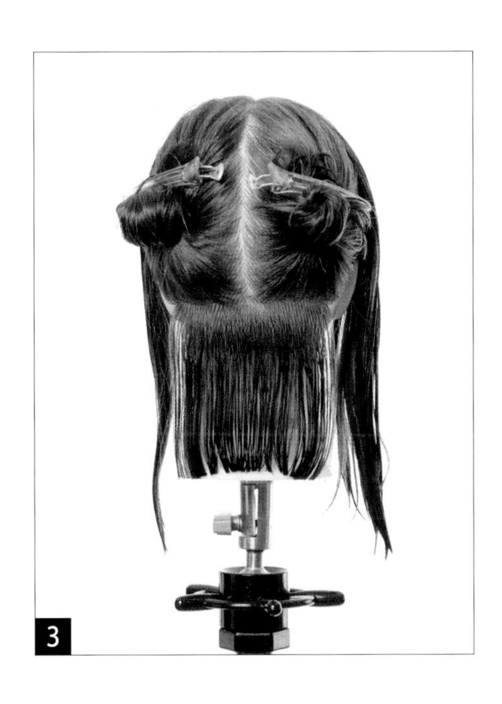
3

B. 수평의 라인을 커트하기 위해 빗질이 변화하는 것에 주목한다. 좌우 대칭을 확인한다. 형태선 라인이 완만한 컨케이브라인 만들어진다.

5

6

7

8

9

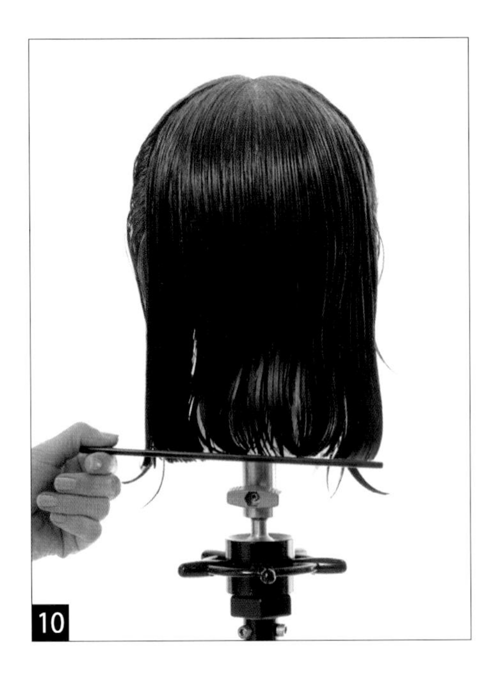
10

11

C. 백에서 그래쥬에이션의 무게지역의 위치를 설정하고, 일정한 방향으로 빗질하여 손위치를 수직으로 유지한다. 수직&피봇파팅으로 이동 가이드로 스퀘어 커트한다. 컨케이브의 릿지 라인이 완성된다.

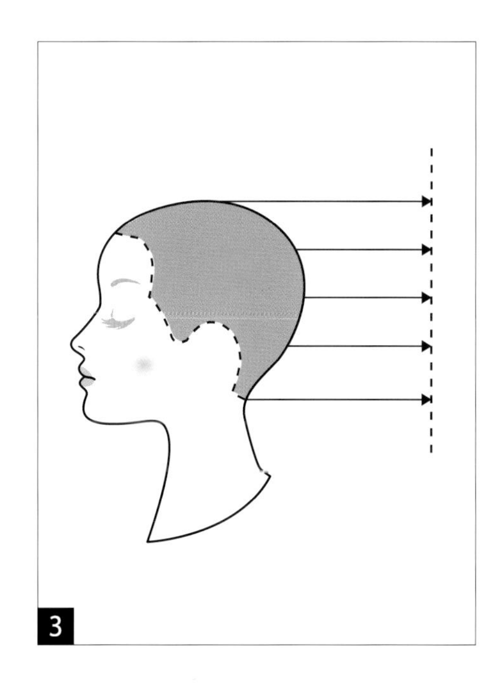

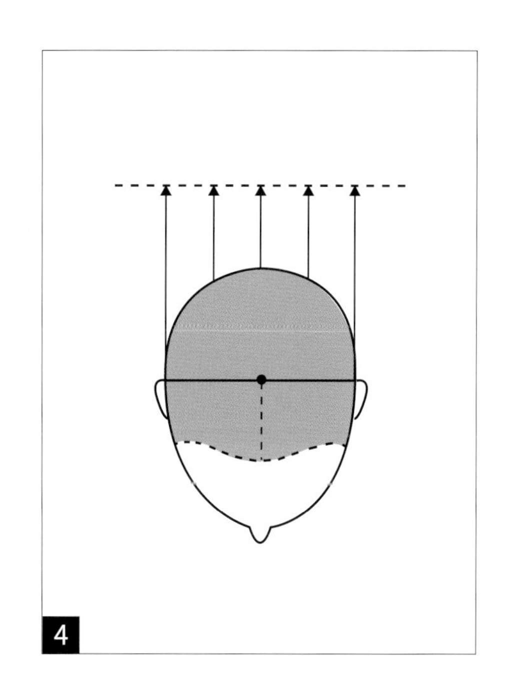

5

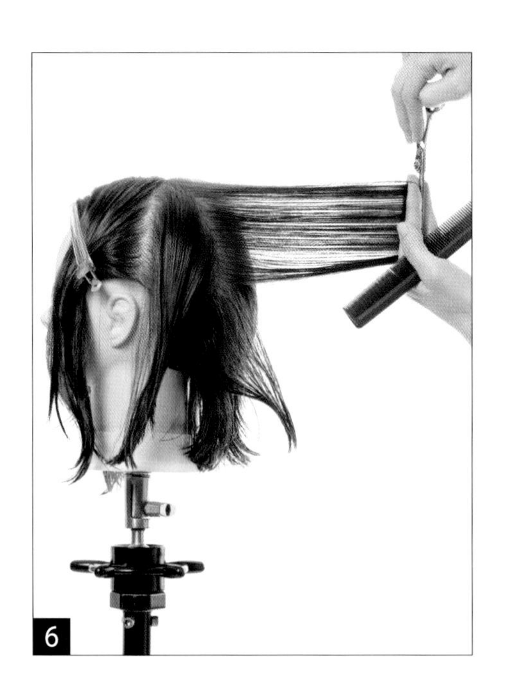
6

7

8

D. 사이드는 이어 투 이어라인을 고정가이드로 모든 머리를 모아서 커트하고, 자연시술각 상태에서 얼굴쪽으로 완만한 전대각 라인으로 형태선 라인을 정리한다.

E. 시술자의 위치에 따라 손등에서 커트할 수 있도록 자세가 바뀔 수도 있다.

3

4

5

D. 나칭테크닉을 이용하여 무게지역을 부드럽게 정리한다.

3. 응용 헤어커트 마무리하기

1

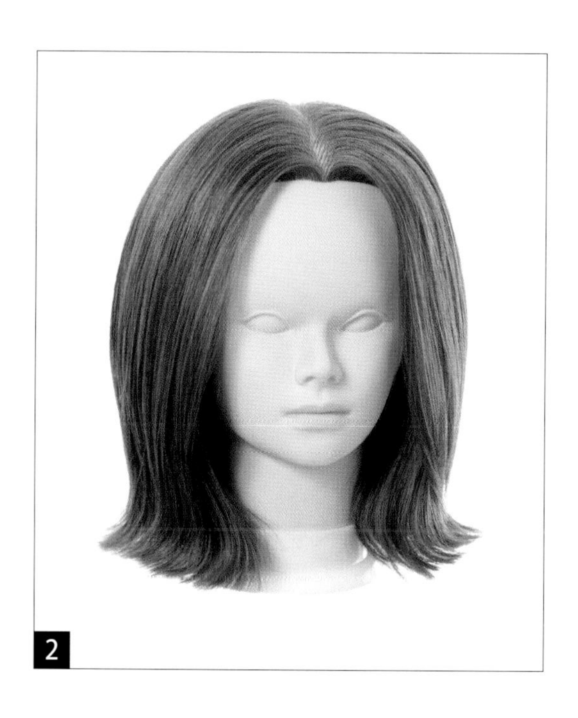

2

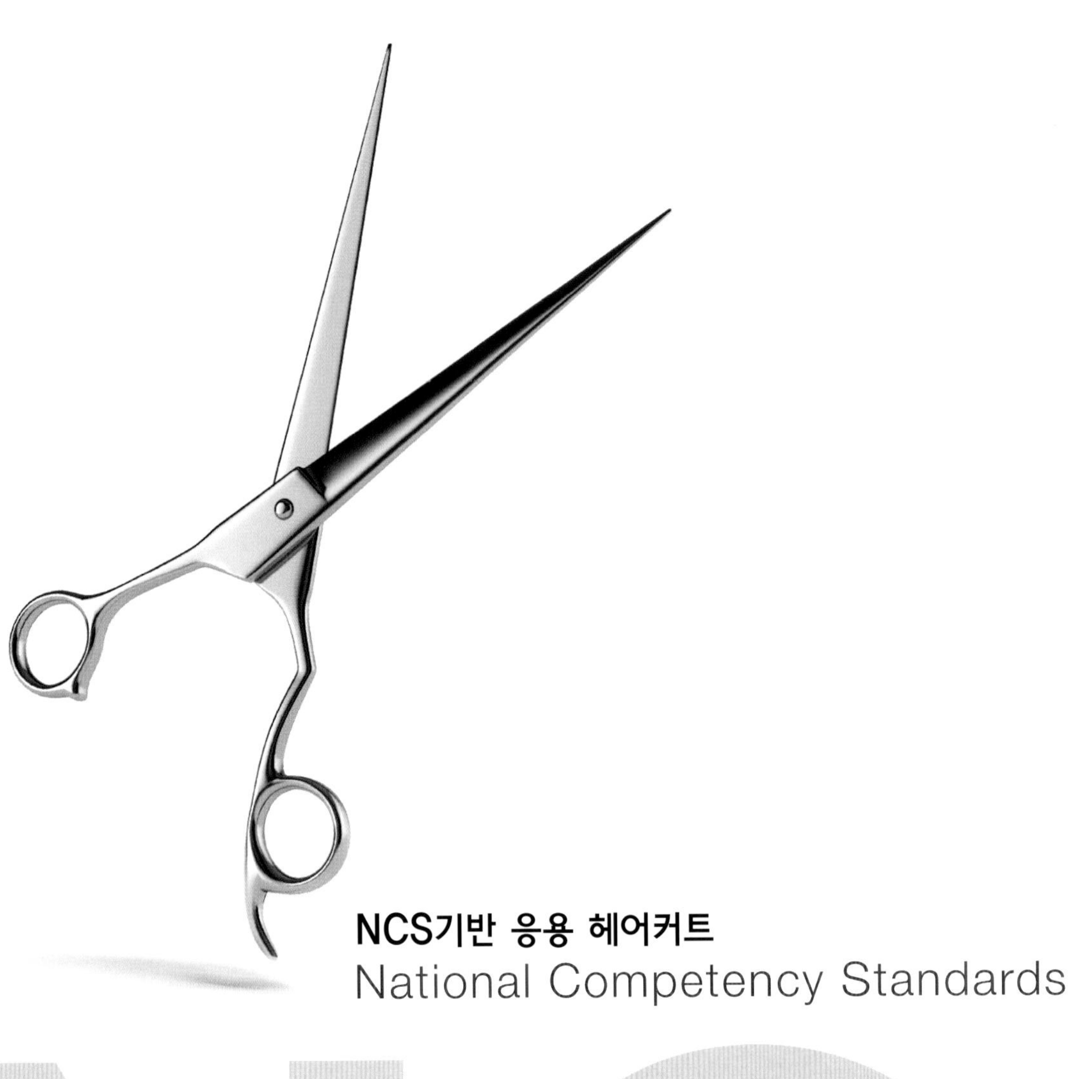

NCS기반 응용 헤어커트

National Competency Standards

전대각의 그래쥬에이션형

학습내용 (단원명)	전대각의 그래쥬에이션형
수업목표	• 그래쥬에이션에서 전대각을 표현하기 위한 파팅과 분배를 이용하여 시술할 수 있다. • 그래쥬에이션 시술각의 변화와 디자인 라인의 변화를 설명할 수 있다. • 레져 테크닉을 시술할 수 있다.

1. 응용 헤어커트 준비하기

네이프에서 수직파팅을 이용하여 전대각의 흐름이 나타나도록 커트하고, 위로 진행하면서 전대각라인을 레져 테크닉을 이용하여 부드러운 질감의 그래쥬에이션을 커트한다.

1

2

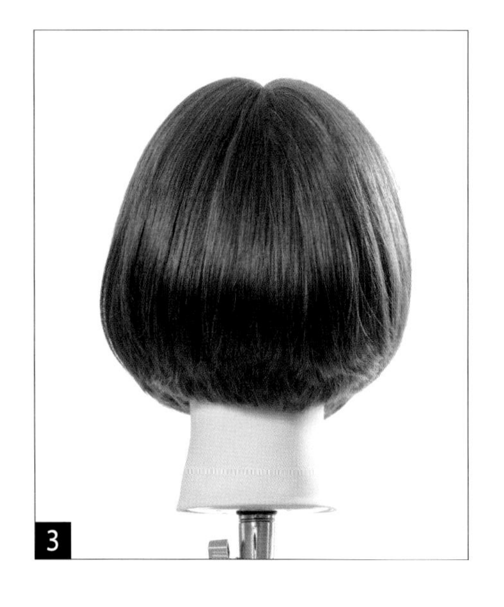

3

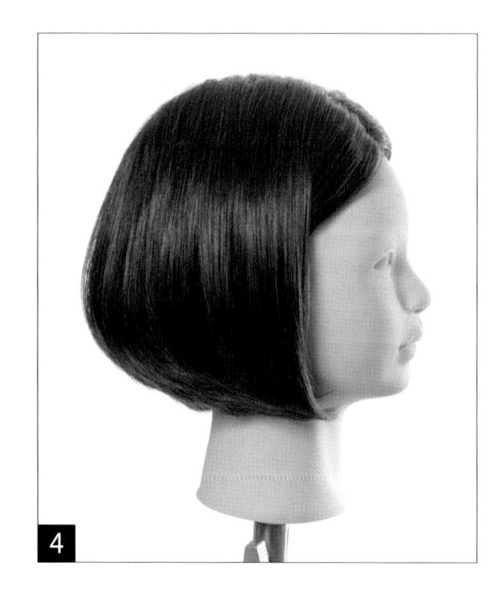

4

2. 응용 헤어커트 시술하기

A. 센터백, 이어 투 이어, 네이프을 구분한다.

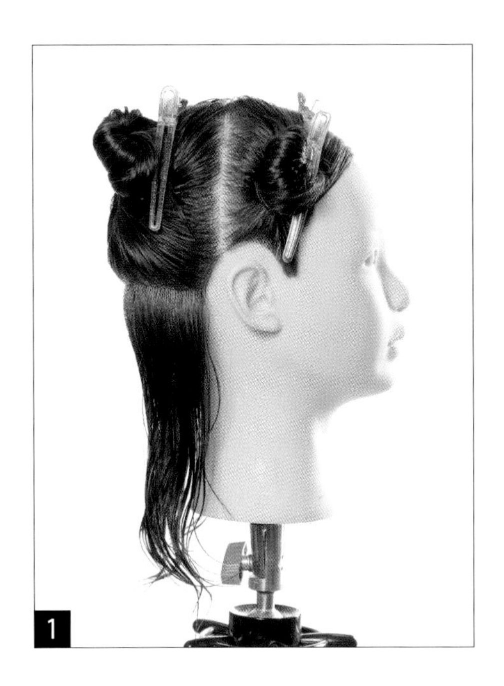

B. 네이프를 자연시술각상태에서 손바닥밑의 길이를 최소한의 텐션으로 커트한다.
형태선을 가위의 끝부분을 이용해 정리한다.

C. 두상 곡면의 90°시술각으로 원랭스 각을 제거한다, 모든 파팅을 센터로 모아서 커트한다.
릿지라인이 얼굴쪽으로 길이증가가 나타나는 것을 확인한다.

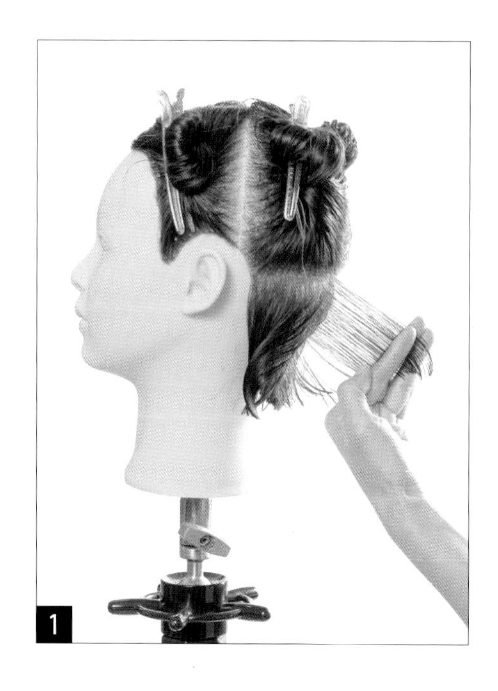

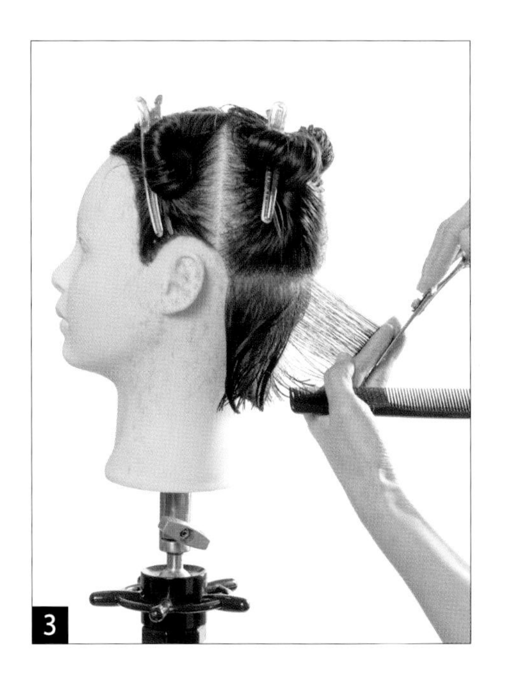
3

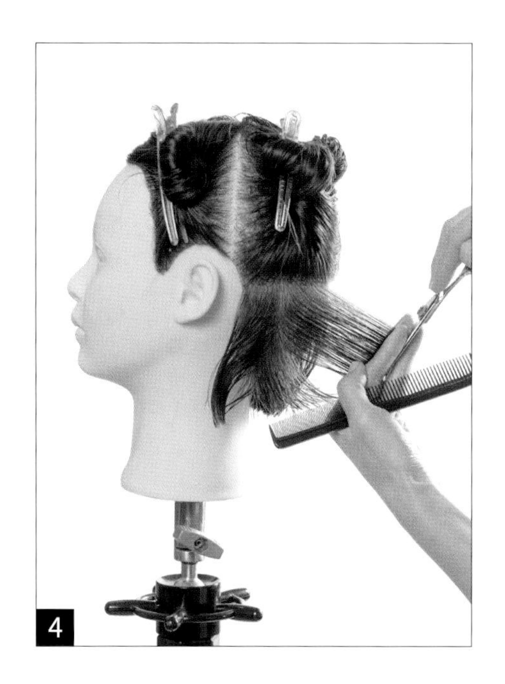
4

5

6

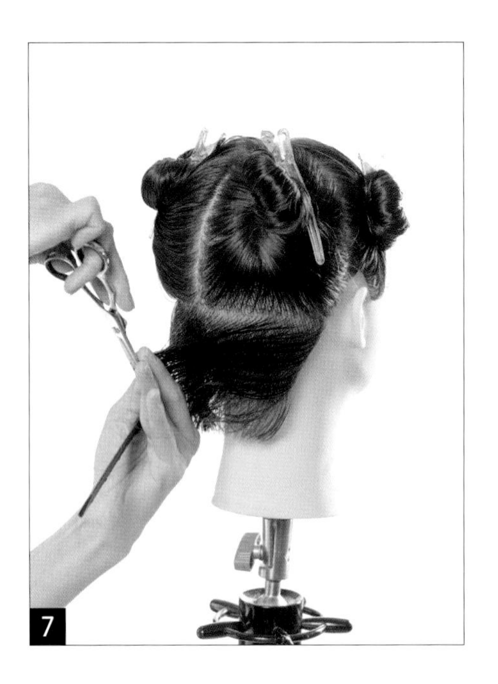

D. 네이프 섹션의 길이를 가이드로 하여 전대각파팅, 직각분배하여 중간시술각, 이동가이드로 레져커트한다,

3

4

5

6

7

E. 크레스트에서 사이드까지 연결되는 전대각 파팅으로 작업한다. 크레스트의 길이를 고정가이드로 하여 좌우 대칭을 확인하며 커트한다.

1

2

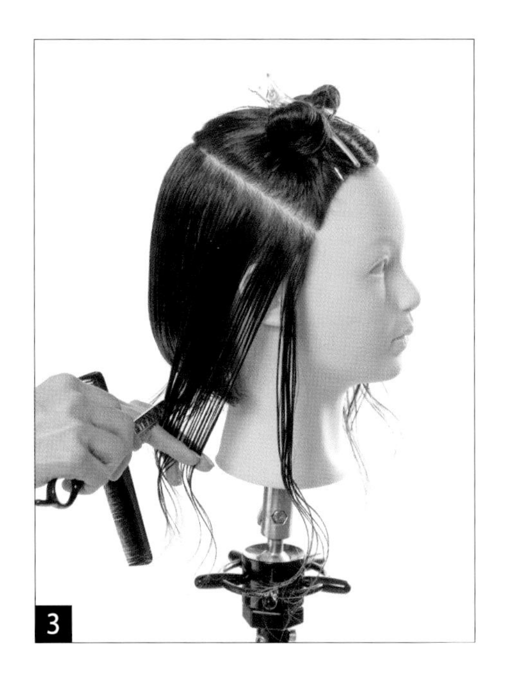
3

4

5

6

11

12

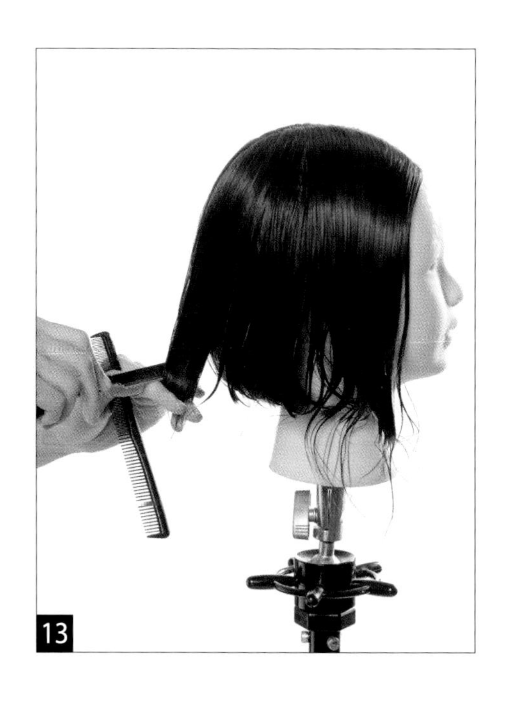

13

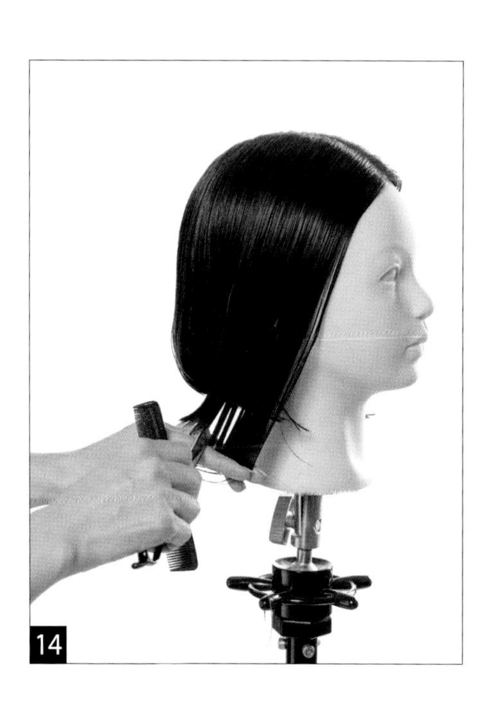

14

F. 모발의 길이를 유지하며 깊은 나칭으로 형태선 끝의 무게감을 제거한다.

3. 응용 헤어커트 마무리하기

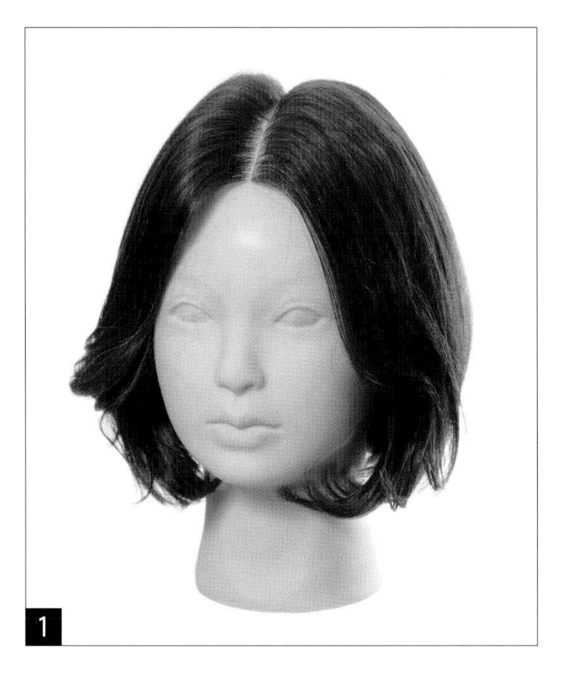

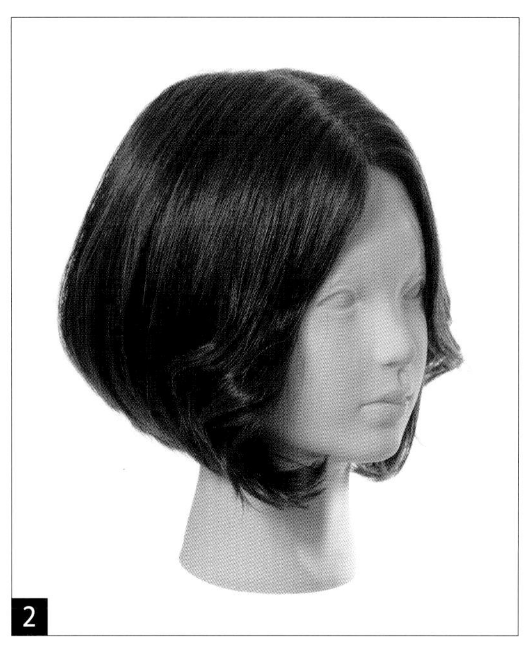

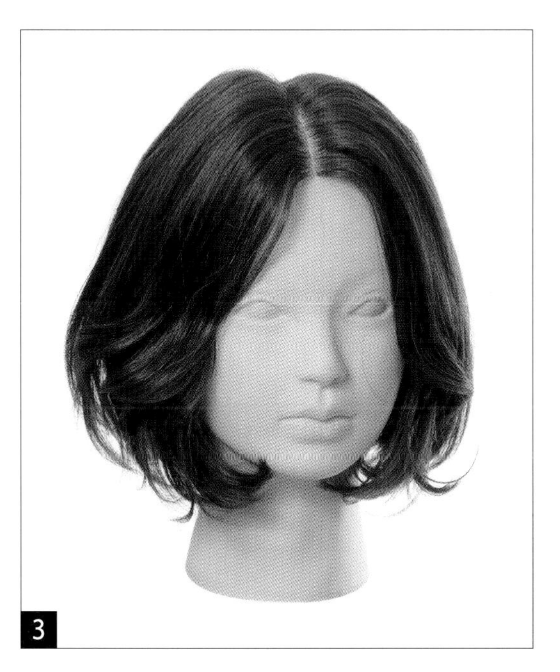

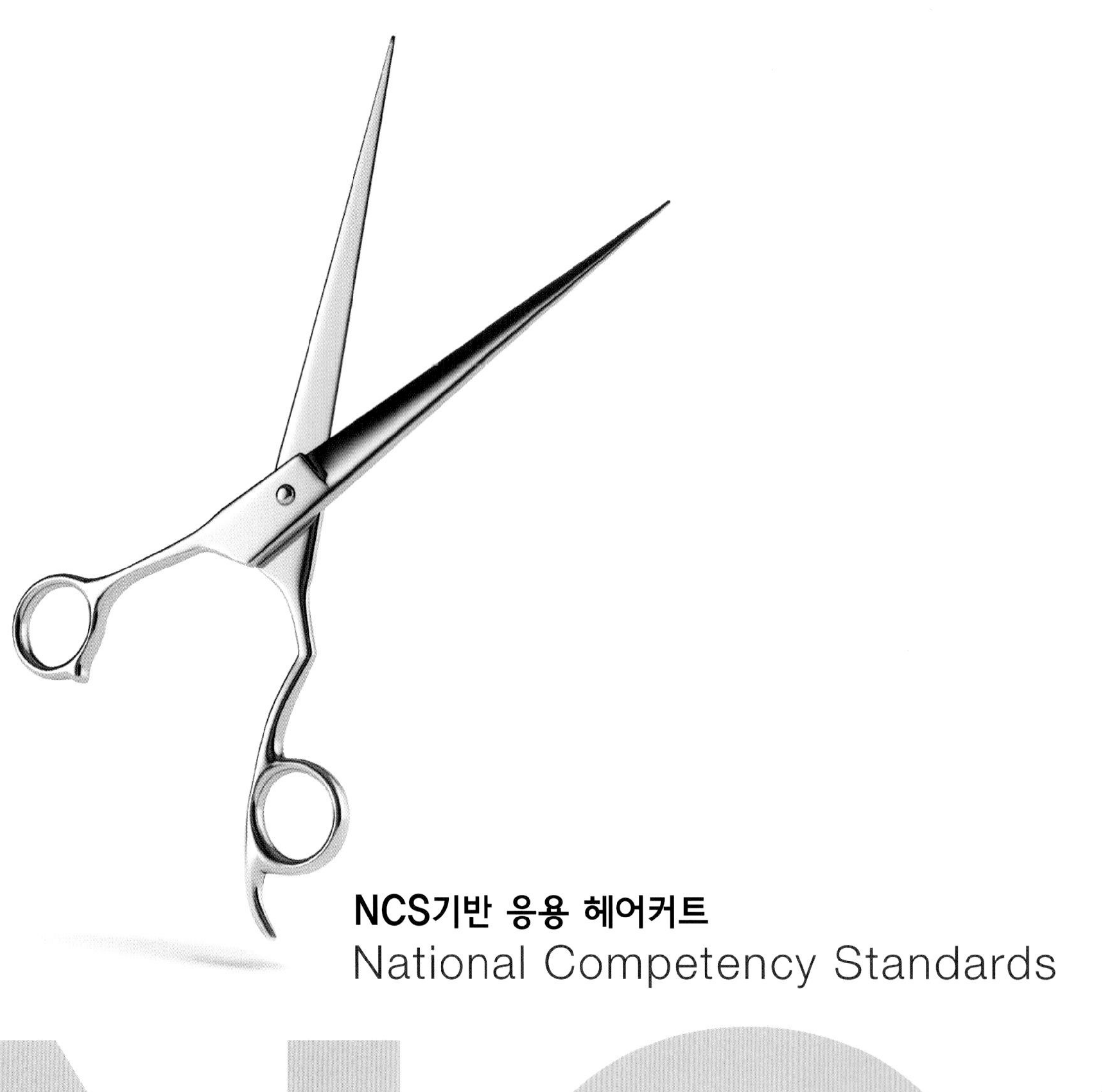

NCS기반 응용 헤어커트

National Competency Standards

섹션별 시술각과
분배 변화에 의한 그래쥬에이션형

학습내용 (단원명)	섹션별 시술각과 분배 변화에 의한 그래쥬에이션형
수업목표	• 세임레이어형의 특징을 설명할 수 있다. • 시술각과 빗질의 차이점을 설명할 수 있다. • 수직파팅으로 그래쥬에이션 커트 시 손의 비평행 정도에 따른 길이 변화를 이해하여 시술할 수 있다.

1. 응용 헤어커트 준비하기

네이프의 세임레이어와 그래쥬에이션의 혼합형으로 커트한다. 그래쥬에이션 커트시 시술각과 빗질방향의 변화에 따라 두상을 구분하여 커트하였음을 주목한다.

1

2

3

4

2. 응용 헤어커트 시술하기

A. 시술각과 분배에 변화에 의해 두상을 시술하기 편리하게 구분한다.

1

2

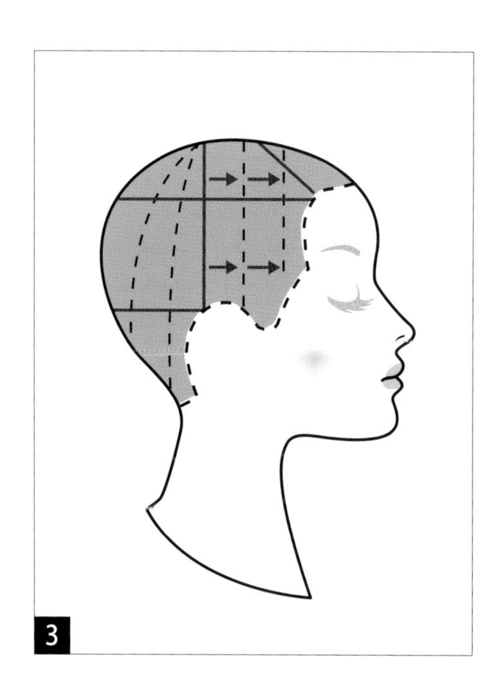

3

B. 네이프 섹션은 수직파팅으로 세임레이어를 커트한다.
두상곡면의 90° 시술각을 유지하며 진행한다. 수평으로 크로스 체크한다.

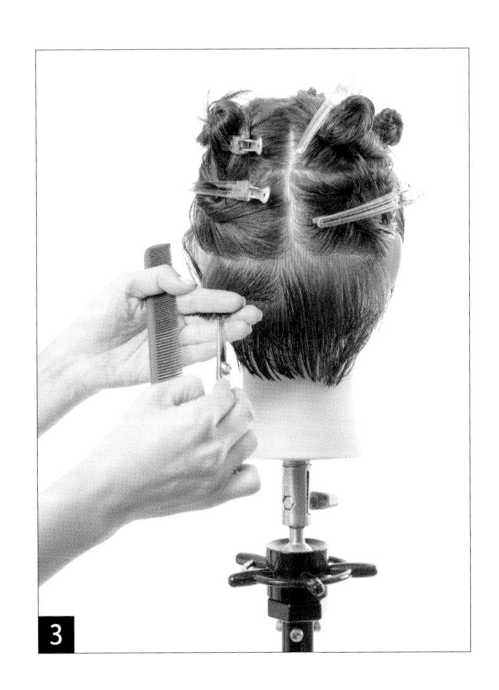

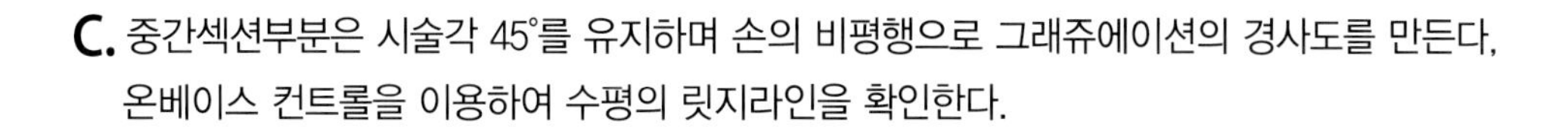

C. 중간섹션부분은 시술각 45°를 유지하며 손의 비평행으로 그래쥬에이션의 경사도를 만든다.
온베이스 컨트롤을 이용하여 수평의 릿지라인을 확인한다.

D. 중간섹션 사이드부분은 수직파팅으로 사이드 베이스를 이용하여 앞쪽으로 길이가 짧아지도록 커트한다.

E. 탑 섹션은 빗질방향과 시술각이 변화하는 것에 주목한다.
손위치를 수직으로 유지하여 높은 그래쥬에이션을 커트한다.

3

4

5

6

F. 인사이드의 사이드 부분은 사이드 베이스하여 후대각선으로 마무리한다.

G. 삼각섹션을 수평파팅으로 소구분한다. 직각분배, 낮은시술각으로 파팅에 평행하게 커트하여 완만한 컨케이브라인을 완성한다.

H. 레져테크닉을 이용하여 모발 끝에 무게감을 감소하고 율동감을 부여한다.
레져와 빗을 회전하며 표면을 쳐낸다.

3

4

3. 응용 헤어커트 마무리하기

1

2

NCS기반 응용 헤어커트

National Competency Standards

레이어와 그래쥬에이션의 혼합형

10

학습내용 (단원명)	레이어와 그래쥬에이션의 혼합형
수업목표	• 각 형태별로 고정가이드라인으로 커트했을 때의 특징을 설명할 수 있다. • 인크리스 레이어형의 특징과 커트하는 방법을 나열할 수 있다. • 세임레이어형의 특징과 시술 시 주의 사항을 나열할 수 있다.

1. 응용 헤어커트 준비하기

아웃사이드의 인크리스레이어와 그래쥬에이션을 원터치 기법으로 간편하게 커트하는 방법이다. 하나의 테크닉으로 다양한 형태를 구사할 수 있음에 주목한다. 인사이드는 세임레이어를 시술하여 볼륨감을 최대로 표현한다.

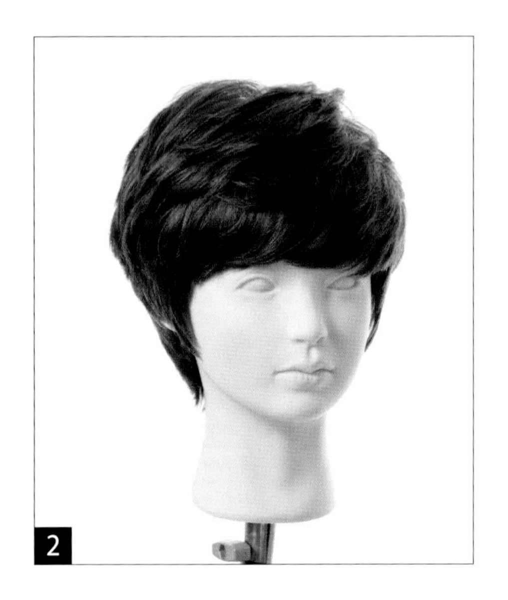

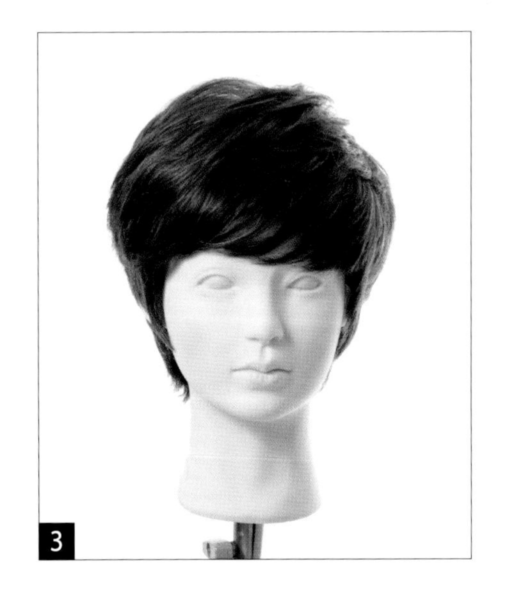

2. 응용 헤어커트 시술하기

A. S.C.P에서 B.P까지 가파른 컨백스 라인으로 섹션한다.

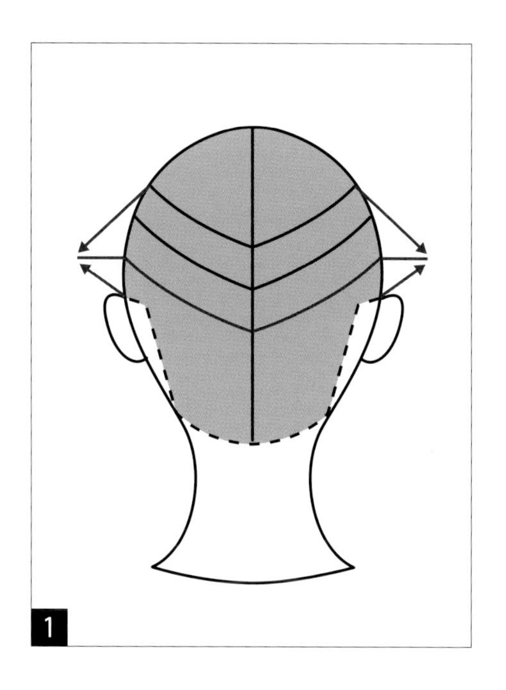
1

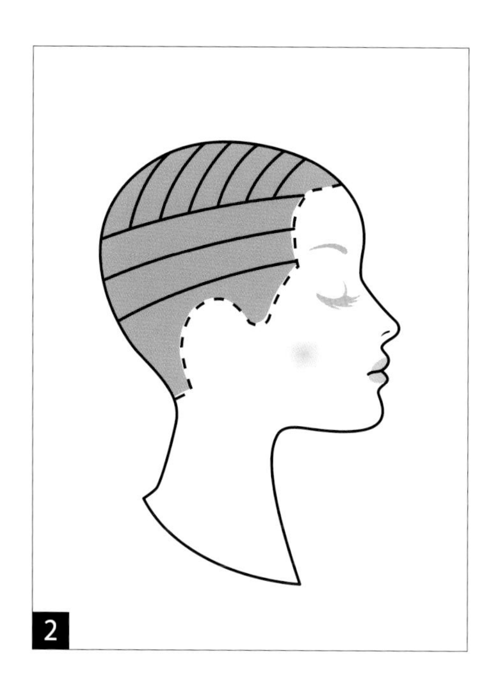
2

B. 섹션라인을 고정디자인라인으로 시술각 90°를 유지하며 직각분배한다. 손위치를 두상과 평행한 같은 길이를 유지한다. 헤어라인을 따라 인크리스 레이어가 커트된다.

1

2

3

4

5

6

7

C. 섹션과 평행한 대각 파팅한다. 앞서 커트한 섹션라인의 시술각 90°를 유지하여 고정 가이드라인으로 그래쥬에이션을 시술한다.

1

2

3

4

5

6

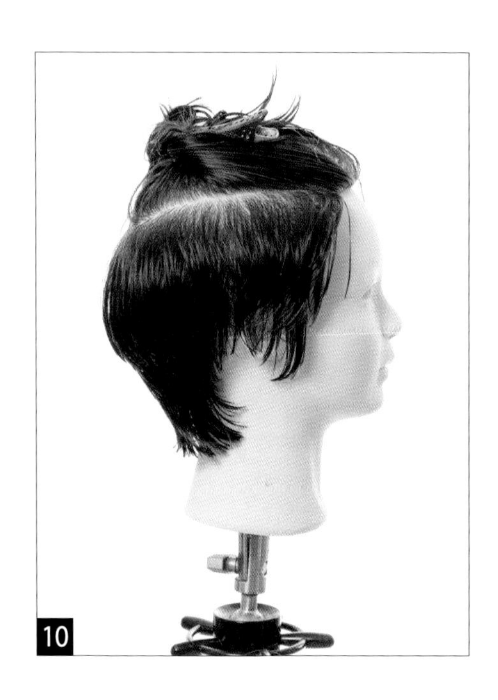

D. 인사이드는 세임레이어를 시술하기 위해 가파른 후대각 파팅으로 나눈다. 그래쥬에이션의 가장 긴 길이가 가이드라인이 된다, 직각분배, 90°시술각, 두상과 평행과 손위치, 이동 디자인 라인으로 세임레이어를 커트한다.

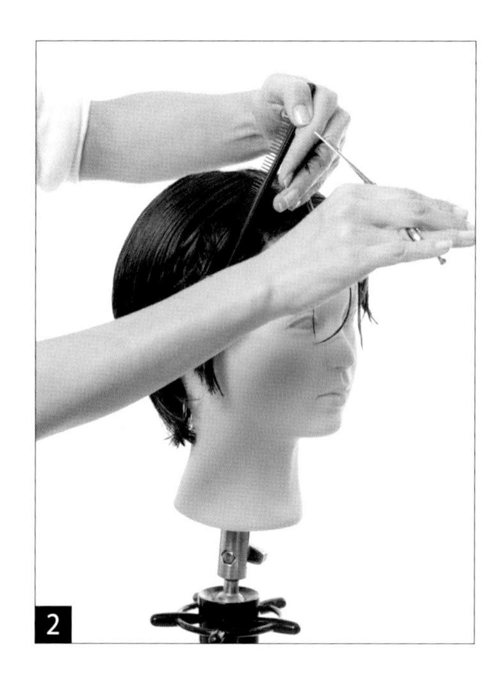

E. 귀 앞쪽으로 전대각, 귀 뒤쪽으로 후대각으로 형태선을 정리한다.
헤어라인은 레저를 세워 포인팅하여 입체감을 부여한다.

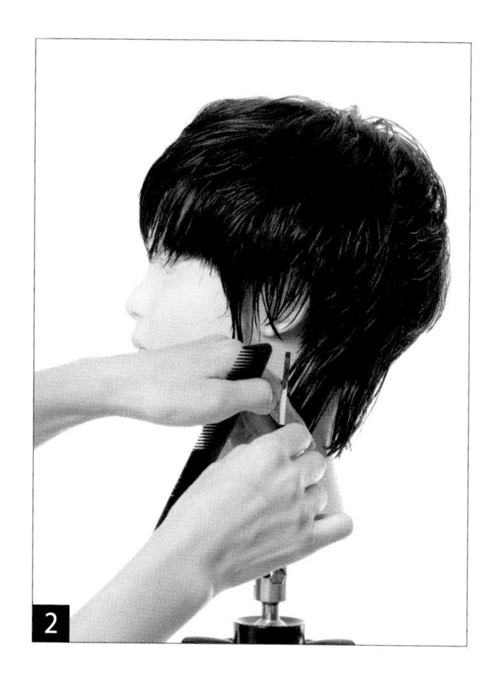

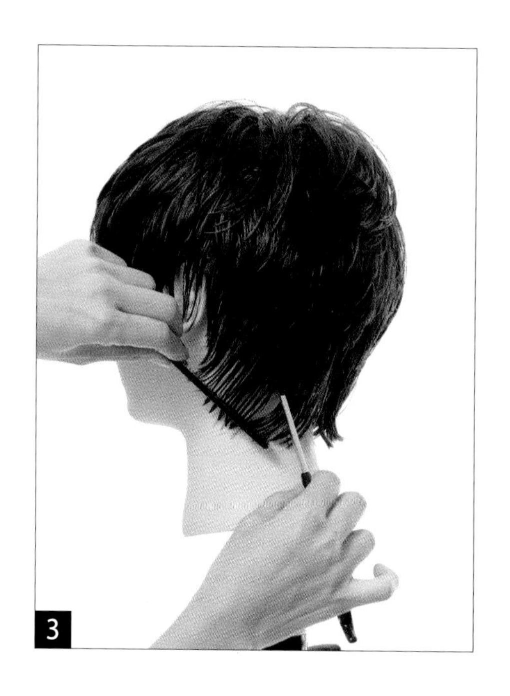

F. 인사이드부분은 뿌리의 볼륨을 위해 레저로 포인팅한다.

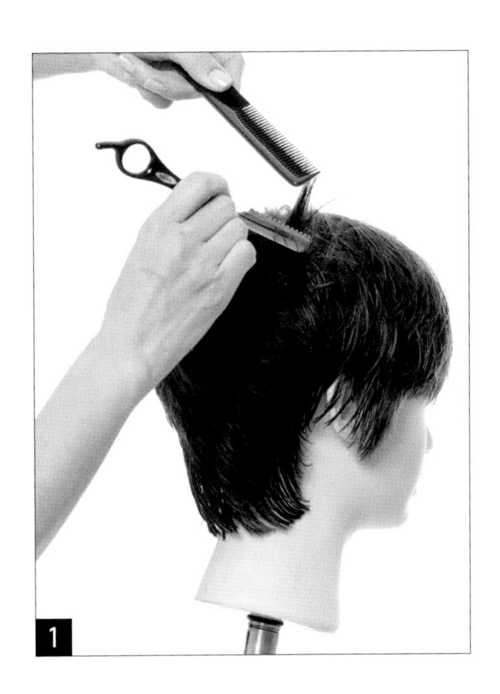

G. (변형)

프린지를 변형한다. 수평파팅, 직각분배하여 낮은 시술각으로 커트한다.

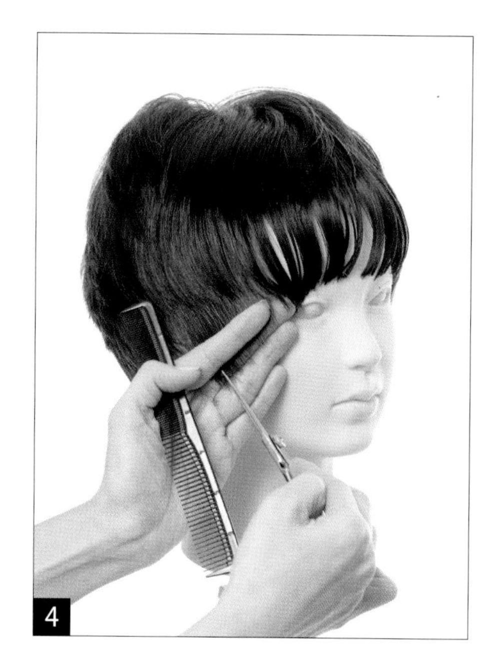

3. 응용 헤어커트 마무리하기

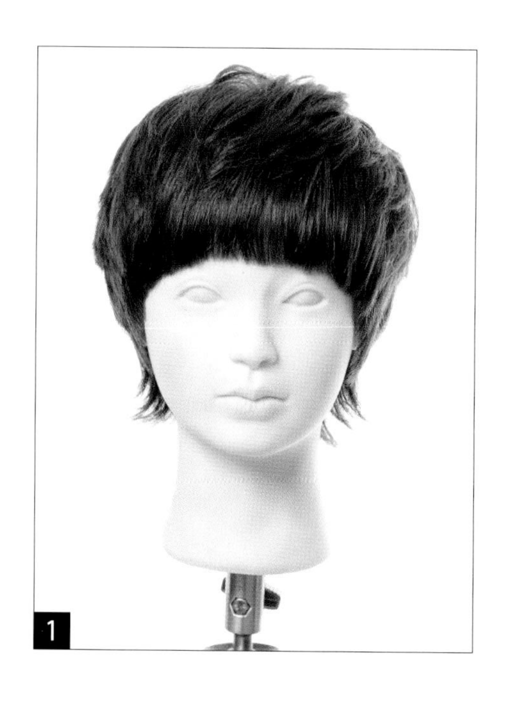

NCS기반 응용 헤어커트

National Competency Standards

인크리스 레이어형 (디스커넥션)

11

학습내용 (단원명)	인크리스 레이어형(디스커넥션)
수업목표	• 디스커넥션 커트에 대해 설명할 수 있다. • 인크리스 레이어형을 커트하는 방법을 나열할 수 있다. • 슬라이드 테크닉을 시술할 수 있다.

1. 응용 헤어커트 준비하기

긴길이와 짧은 길이까지 다양하게 응용할 수 있는 형태로 디스커넥션하여 율동감을 표현할 수 있다. 형태선의 길이를 유지하며 전체적으로 피봇파팅으로 커트한다.

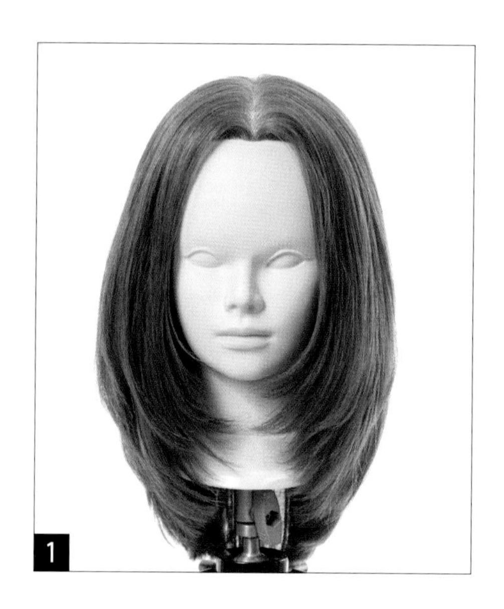
1

2

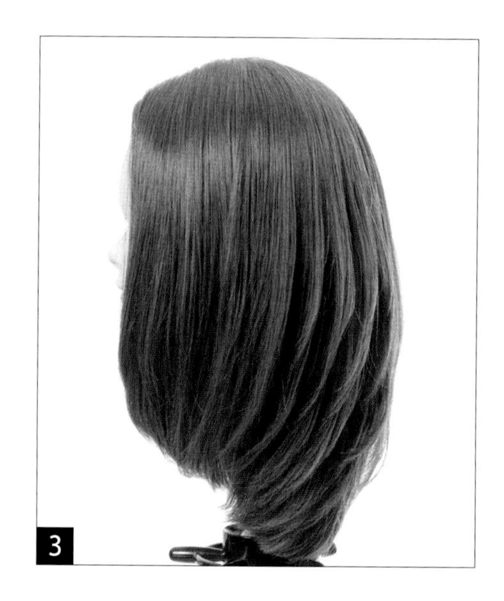
3

2. 응용 헤어커트 시술하기

A. 크라운에 원형섹션을 나눈 후, 이어 투 이어로 섹션힌디. 전체적으로 피봇파팅으로 소구분한다.

1

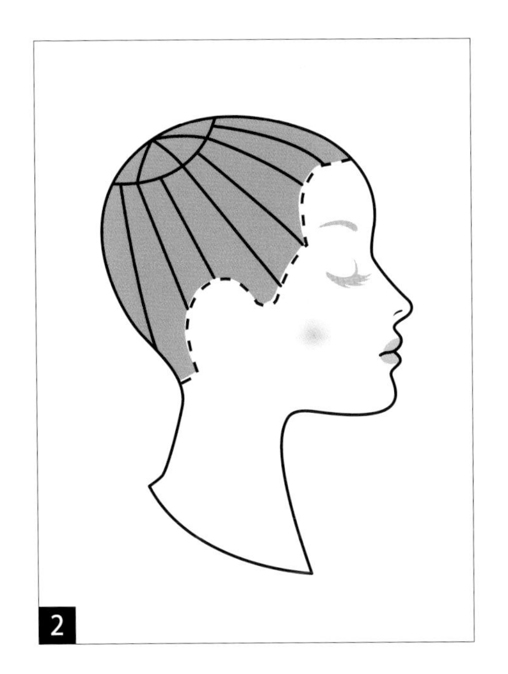
2

B. 컨백스라인으로 원랭스형을 커트한다. 백부분의 대칭을 확인하고 사이드까지 후대각이 되도록 커트한다. 컨백스의 형태선을 확인한다.

1

2

3

4

5

6

7

8

9

10

C. 원랭스커트한 후 피봇파팅, 90°시술각으로 인크리스 레이어를 시술한다,
사이드로 진행할수록 컨백스 형태선을 자르기 쉬우므로 피봇파팅을 이용하여 시술하도록 한다.

1

2

3

4

D. 원형섹션 시술시 아웃사이드의 길이가 섞이지 않도록 주의한다. 길이가이드를 설정한다.
가이드 90°를 유지하며 슬라이딩 기법으로 인크리스 레이어를 시술한다. 인사이드와 아웃사이드의 길이가 연결되지 않고 분리되는 것을 확인한다.

1

2

3

4

5

6

7

8

3. 응용 헤어커트 마무리하기

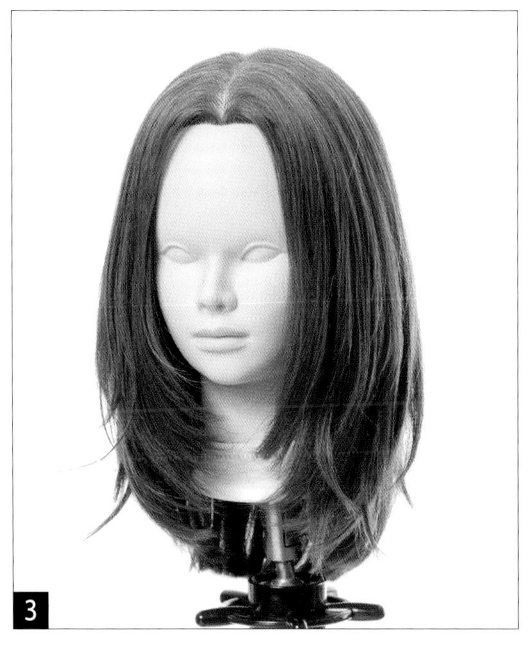

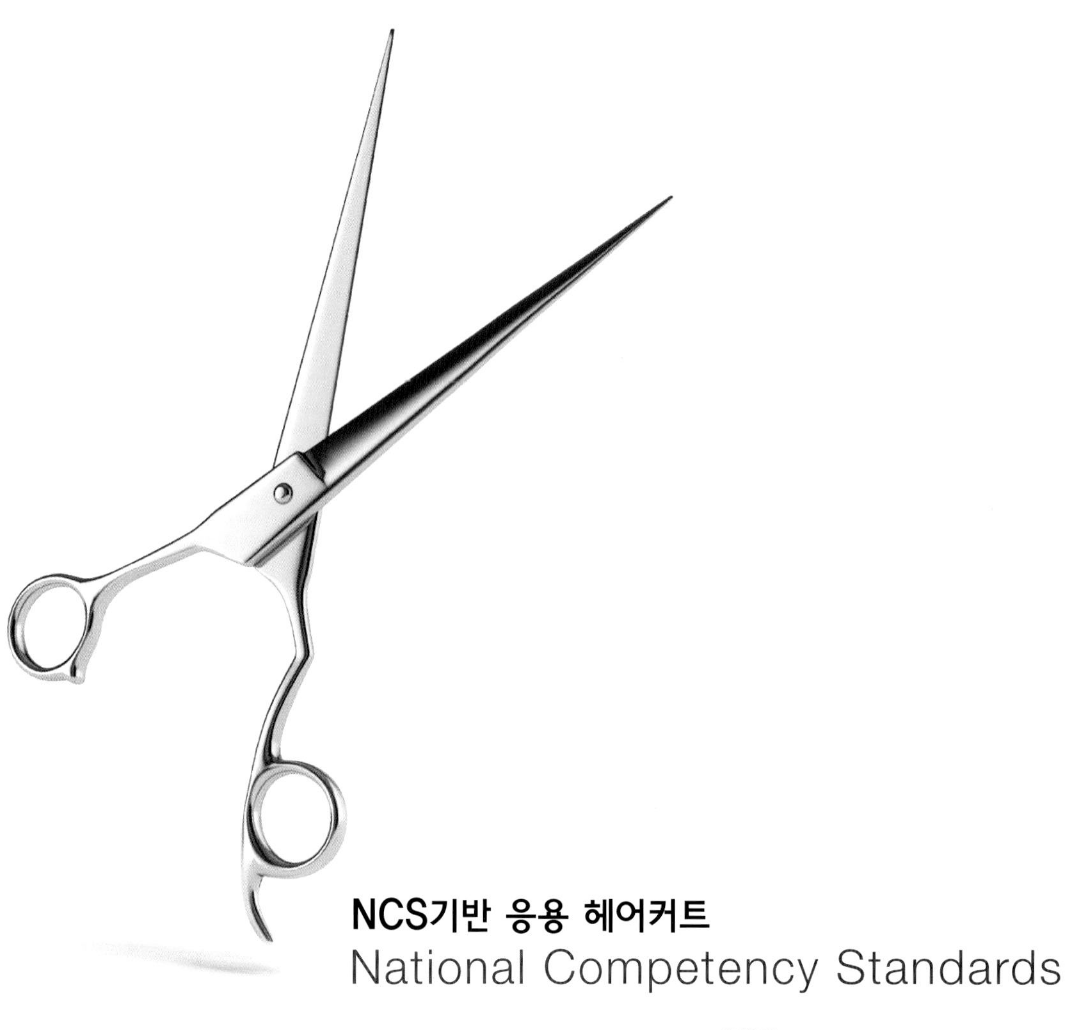

NCS기반 응용 헤어커트

National Competency Standards

인크리스 레이어형(스퀘어 커트)

12

학습내용 (단원명)	인크리스 레이어형(스퀘어 커트)
수업목표	• 인크리스 레이어와 인크리스 레이어가 혼합되었을 때 특징을 설명할 수 있다. • 스퀘어 커트의 특징을 설명할 수 있다. • 스퀘어 커트 시 빗질 방향을 이해하여 시술 할 수 있다.

1. 응용 헤어커트 준비하기

슬라이드 테크닉을 이용하여 부드러운 질감의 인크리스 레이어와 스퀘어 커트에 의한 인크리스 레이어의 혼합형이다. 섹션별로 길이의 연결이 일어나지는 않지만, 전체적으로 표면의 질감을 율동감있게 연출할 수 있다.

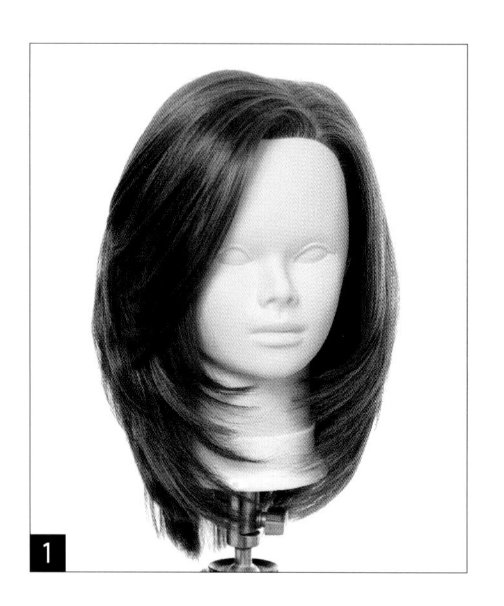

2. 응용 헤어커트 시술하기

A. 크레스트로 섹션하고 이어 투 이어로 나눈다.

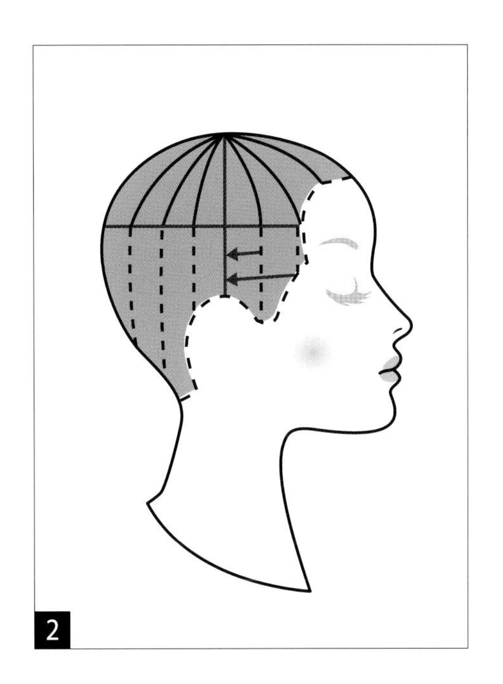

B. 아웃사이드는 레져 테크닉으로 시술한다. 수직파팅, 90°시술각, 손위치를 비평행하게 유지하며 슬라이드 커트한다.

C. 사이드는 이어 투 이어를 고정가이드로 하여 얼굴쪽으로 시술각을 낮추면서 커트한다.

3

4

5

6

D. 변이분배하여 형태선 라인을 정리한다.

1

2

3

E. 인사이드는 피봇파팅하여 스퀘어 커트한다, 빗질방향을 위로 똑바로 일정하게 유지하고, 손위치는 바닥과 평행을 이루도록 시술한다.

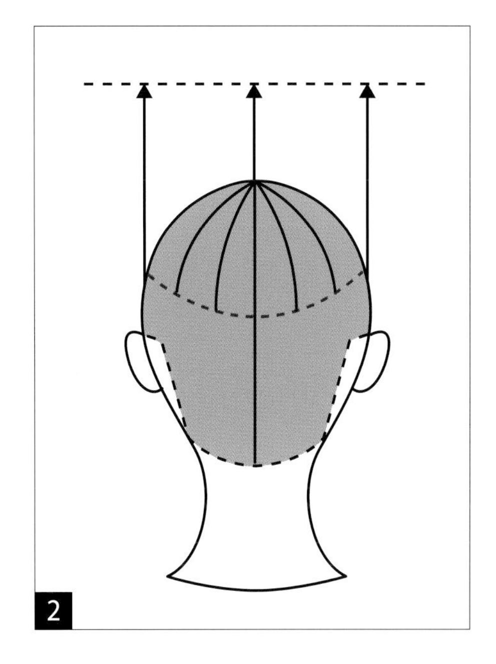

5

6

7

F. 프론트 부분도 스퀘어 커트한다. 빗질방향을 일관되게 유지한다.

G. 스퀘어 커트한 인사이드 부분에 틴닝가위를 이용하여 모발끝을 부드럽게 처리한다.

H. 훼이스 라인은 레져를 이용하여 정리한다.

3. 응용 헤어커트 마무리하기

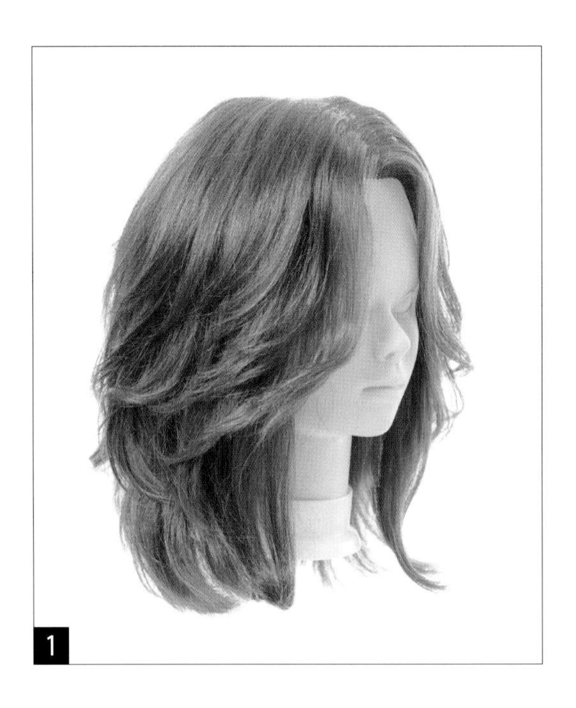

1

2

3

원랭스와 레이어의 혼합형

13

학습내용 (단원명)	원랭스와 레이어의 혼합형
수업목표	• 원랭스를 커트하기 위한 시술과정을 설명할 수 있다. • 세임레이어의 특징과 길이에 따른 변화를 설명할 수 있다. • 프린지(뱅)의 구분과 특징을 설명할 수 있다.

1. 응용 헤어커트 준비하기

형태선의 무게감을 유지하며 세임레이어의 길이를 길게 커트하여 표면의 질감을 표현하고 사이드를 인크리스 레이어로 커트하므로써 얼굴쪽의 움직임을 표현한다. 뱅을 연출하므로 해서 얼굴의 또렷함을 표현한다.

1

2

2. 응용 헤어커트 시술하기

A. 센터백, 이어 투 이어, 백 포인트에서 수평으로 섹션한다.

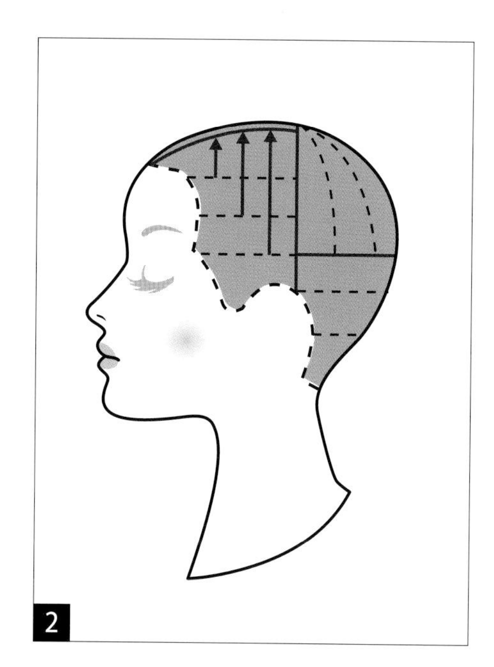

B. 백 포인트까지 수평파팅, 자연분배하여 원랭스 수평라인을 커트한다.

3

4

5

6

C. 원랭스의 가장 긴 길이를 가이드로 하여 세임레이어를 커트한다. 두상곡면의 90˚시술각과 직각분배, 두상과 평행한 손위치을 유지하고, 나칭테크닉으로 모발 끝의 무게감을 최소화 시키면서 불규칙한 길이를 만든다.

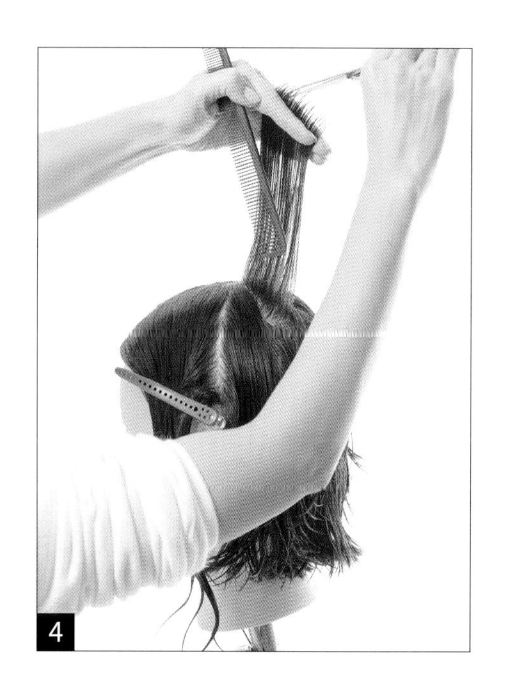

D. 피봇파팅의 마지막부분은 사이드 베이스로 앞쪽으로 길이감이 조금 길어지게 커트한다. 형태선의 무게감을 유지하며 표면의 레이어의 질감을 확인한다.

E. 프론트 센터 탑에서 백의 유니폼 길이가이드를 기준으로 얼굴쪽으로 길이감이 길어지도록 고정 가이드를 만든다. 양 사이드의 모발을 탑으로 모아서 커트한다.

1

2

3

4

F. 자연시술각 상태에서 전대각 라인이 되도록 형태선을 정리한다.

G. 백의 세임레이어와 사이드의 인크리스 레이어의 질감을 연결하기 위해 사이드의 길이를 이어 투 이어쪽으로 모아서 포인팅한다.

1

2

3

H. (변형) 프론트에서 헤어라인따라 소량의 파팅을 커트하여 시스루 뱅을 연출한다. 센터에서 수평을 좌우로 급격한 대각의 라인으로 컨케이브라인을 만든다. 슬라이드 테크닉으로 앞머리에서 얼굴쪽으로 부드러운 질감을 강조한다.

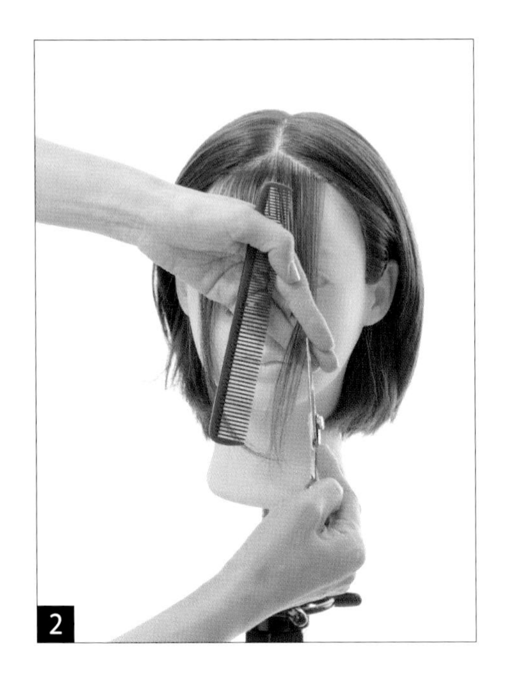

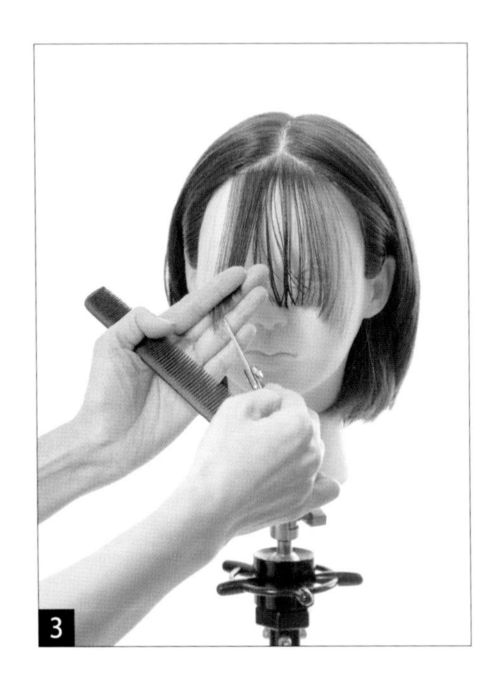

5

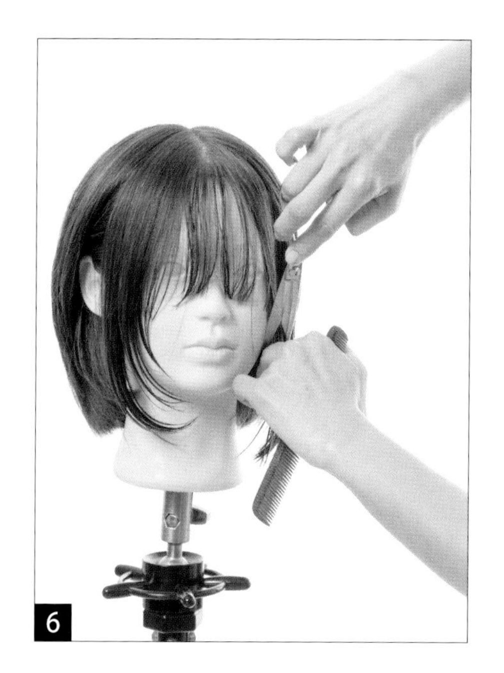
6

7

3. 응용 헤어커트 마무리하기

1

2

3

비대칭 그래쥬에이션형

14

학습내용 (단원명)	비대칭 그래쥬에이션형
수업목표	• 디자인 구성 요소를 설명할 수 있다. • 대칭균형, 비대칭 균형의 차이점을 이해하여 설명할 수 있다. • 전대각, 후대각선의 차이점을 분석할 수 있다. • 커트 시 두상의 위치에 따른 라인의 변화를 설명할 수 있다.

1. 응용 헤어커트 준비하기

네이프의 전대각 섹션 내에 수직파팅으로 중간 그래쥬에이션을 시술한다.
두상을 의도적으로 숙인 상태에서 백을 커트하여 컨케이브 섹션에서 컨백스 라인이 나오는 것에 주목한다.
양쪽 사이드는 라인을 서로 다르게 표현함으로서 라인의 비대칭한 디자인을 완성한다.

1

2

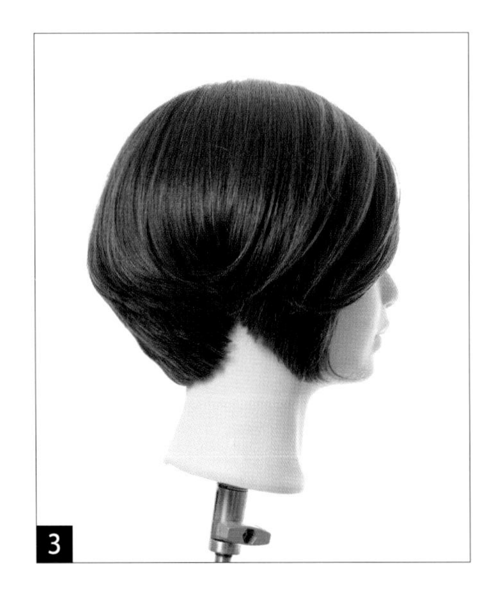
3

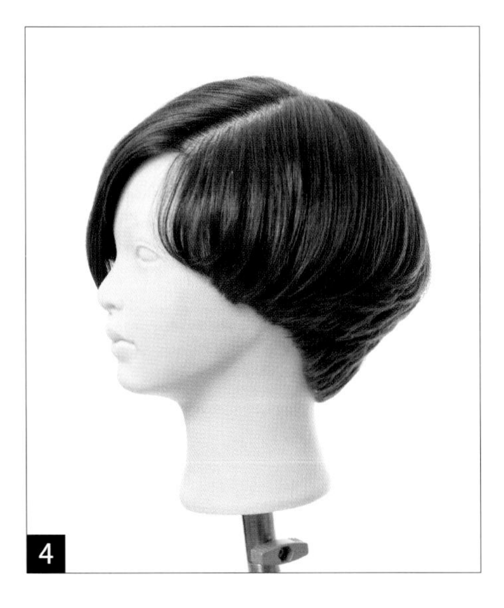
4

2. 응용 헤어커트 시술하기

A. 센터백, 이어 투 이어, 크라운에서 귀 뒤쪽으로 전대각 섹션한다.

1

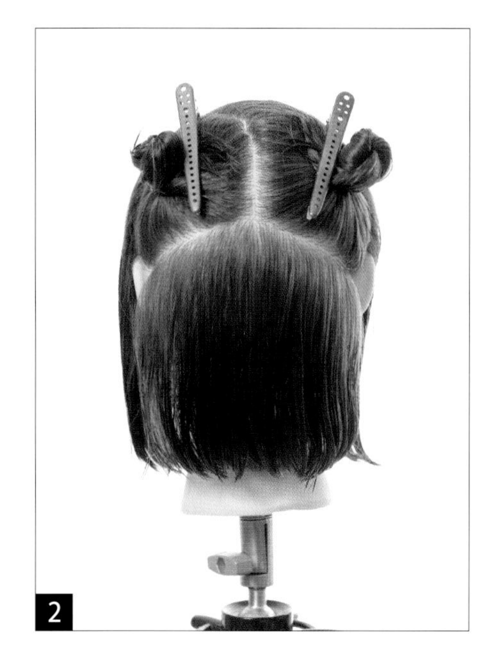
2

B. 네이프를 시술한다. 두상을 숙인 상태에서 수직파팅하여 밖으로 똑바로 빗질한다.
중간 그래쥬에이션이 되도록 손을 비평행하게 이동 가이드로 커트한다,

1

2

C. 백의 릿지라인이 컨백스 라인이 된다.

D. 두상을 똑바로 하고 섹션과 동일한 전대각 파팅하여 시술한다. 직각분배, 시술각 45°, 고정가이드로 커트한다. 이미 커트한 네이프의 길이가 가이드가 되므로 손위치는 비평행이 된다.

1

2

3

4

5

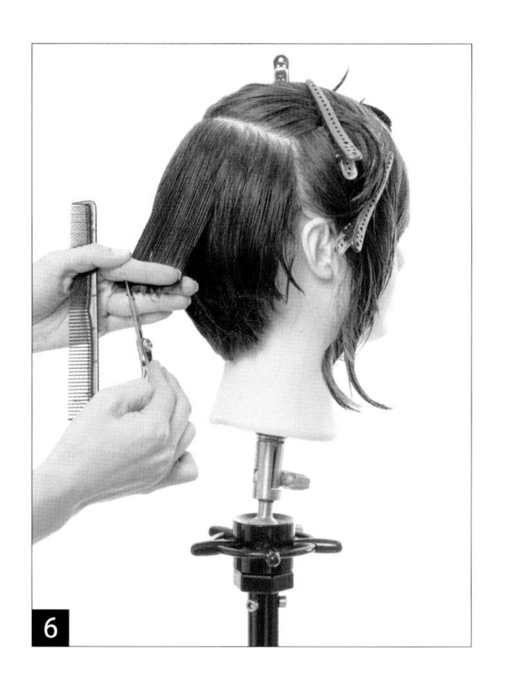
6

7

8

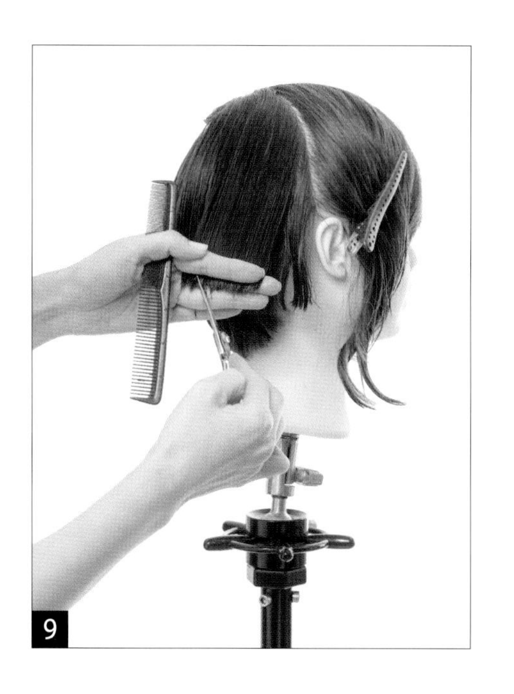
9

10

E. 백의 인사이드 시술 후 그래쥬에이션의 경사선을 확인한다. 릿지 라인은 컨백스가 된다.

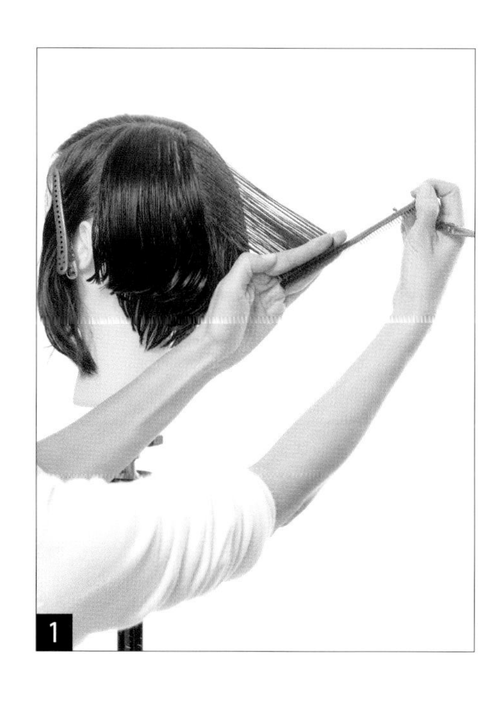
1

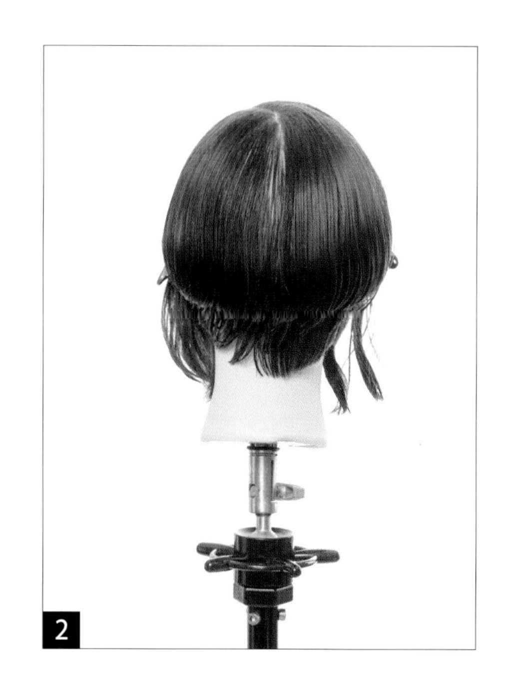
2

F. 모량이 적은 사이드는 자연시술각 상태에서 길이가이드를 후대각 라인으로 시술한다.
직각분배, 낮은 시술각으로 고정가이드하여 최소한의 그래쥬에이션을 나칭커트한다.

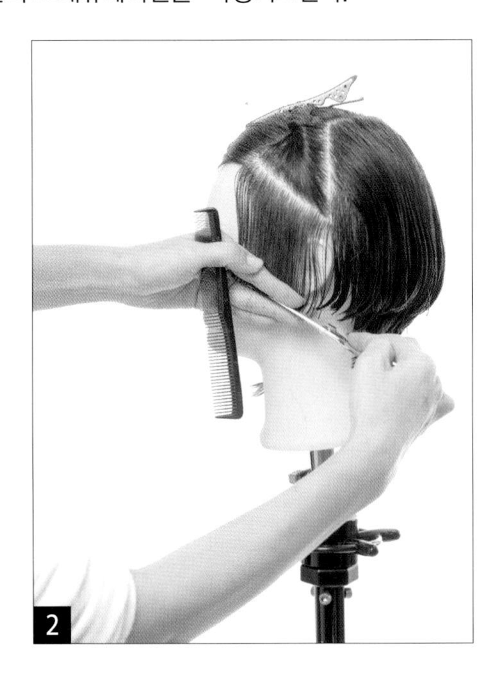

G. 이어 투 이어라인에서 백과 사이드의 길이를 연결한다.

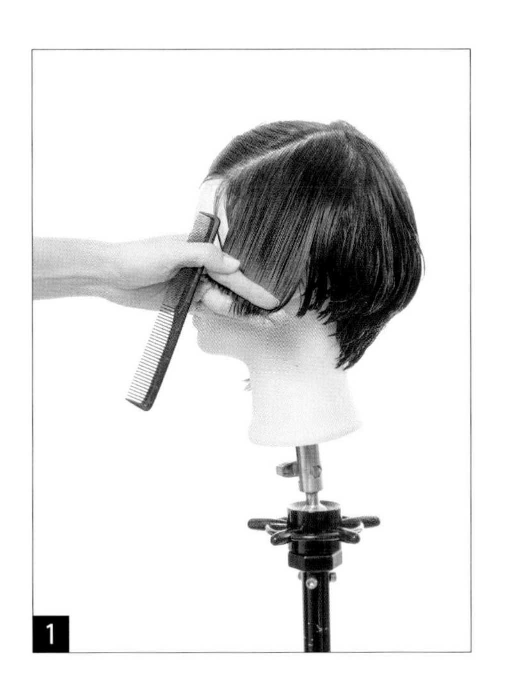
1

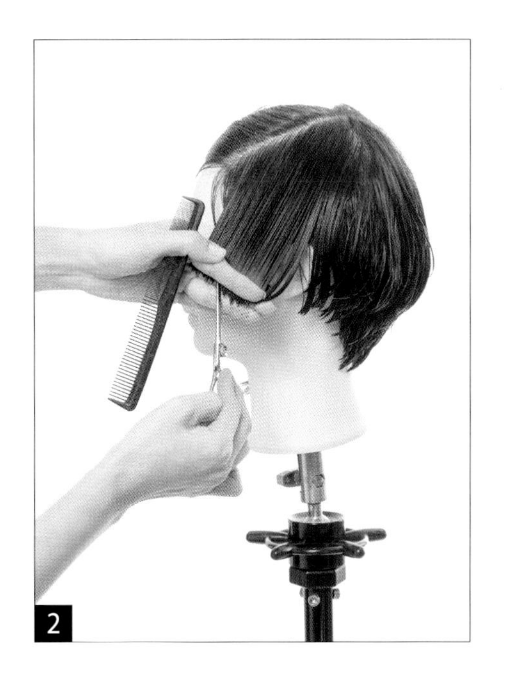
2

3

H. 오른쪽 사이드는 전대각의 길이를 시술한다, 전대각파팅, 직각분배, 고정가이드라인, 레져 테크닉으로 모발의 끝부분을 부드럽게 연출한다.

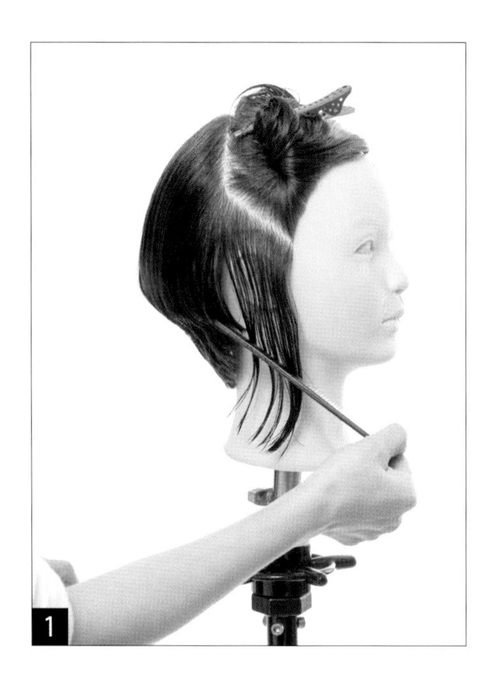

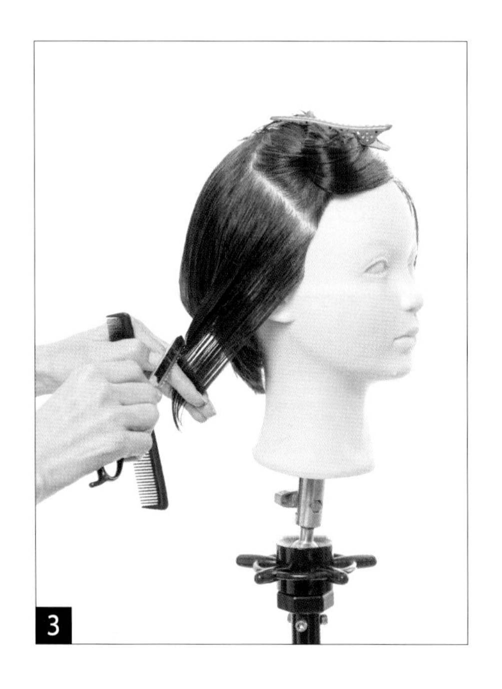

I. 나칭테크닉으로 무게지역에 질감을 부여하고, 전대각으로 길이감이 길어진 부분에 슬라이싱 테크닉으로 모량을 제거하여 입체감을 연출한다.

3

4

5

3. 응용 헤어커트 마무리하기

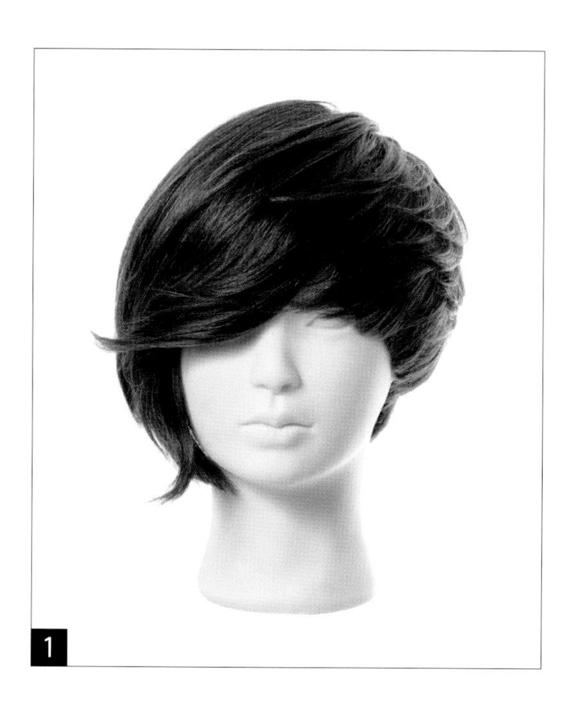

NCS기반 응용 헤어커트

National Competency Standards

비대칭 그레쥬에이션형 (언더 커트)

15

학습내용 (단원명)	비대칭 그레쥬에이션형 (언더 커트)
수업목표	• 언더 커트의 특징을 설명할 수 있다. • 비대칭 균형의 조화를 이해할 수 있다. • 길이의 대조적인 느낌을 이해하고 길이가이드를 설정할 수 있다. • 인크리스 레이어형을 나타낼 수 있는 커트 방법을 설명할 수 있다.

1. 응용 헤어커트 준비하기

후대각으로 짧은 길이의 그래쥬에이션을 커트하여 두상에 머리를 밀착시키고 백에서는 볼륨을 살릴 수 있도록 연출하고, 프린지는 가파른 대각파팅을 이용하여 대칭 또는 비대칭으로 연출할 수 있는 현대적인 디자인을 완성한다.

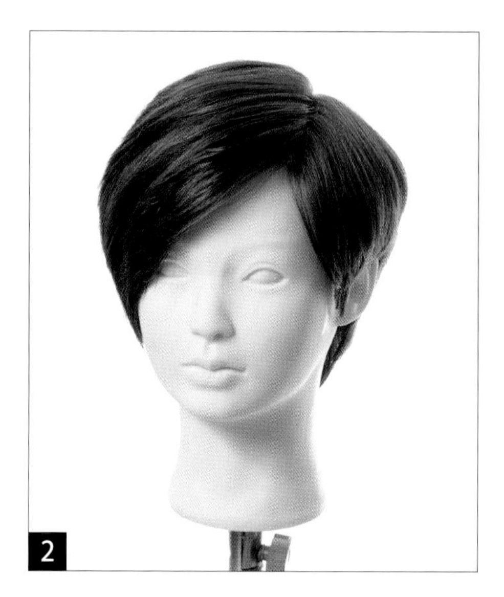

2. 응용 헤어커트 시술하기

A. 가파른 사이드 파트하여 프론트 부분을 구분한다.

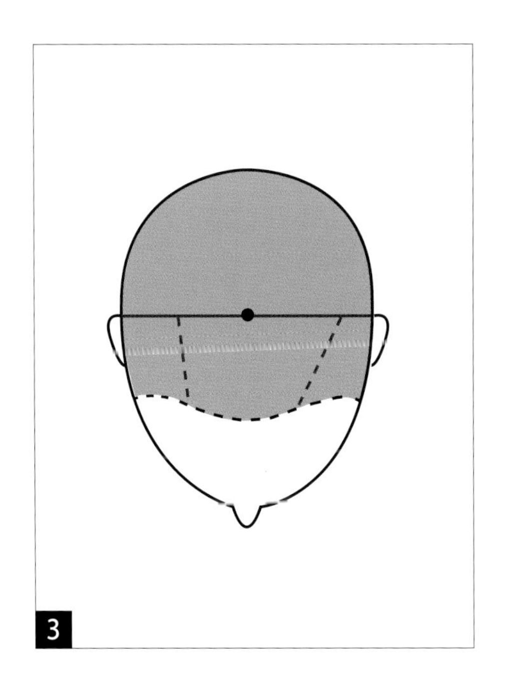

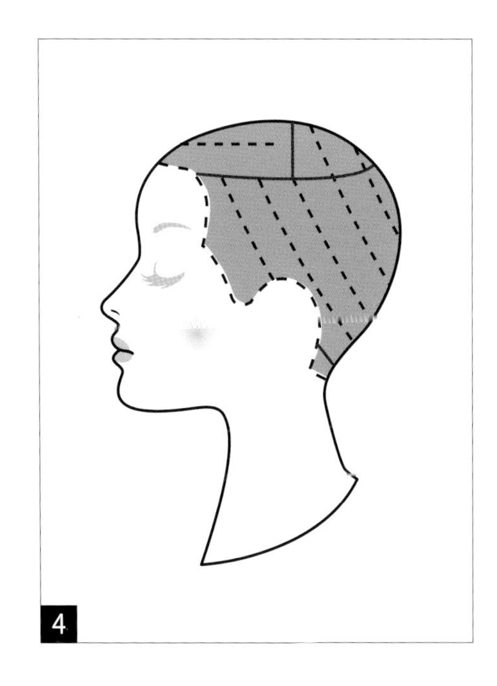

B. 후대각 파팅, 직각분배, 높은 시술각으로 파팅에 평행하게 커트한다.

5

6

7

8

C. 반대편에도 동일한 시술을 한다.

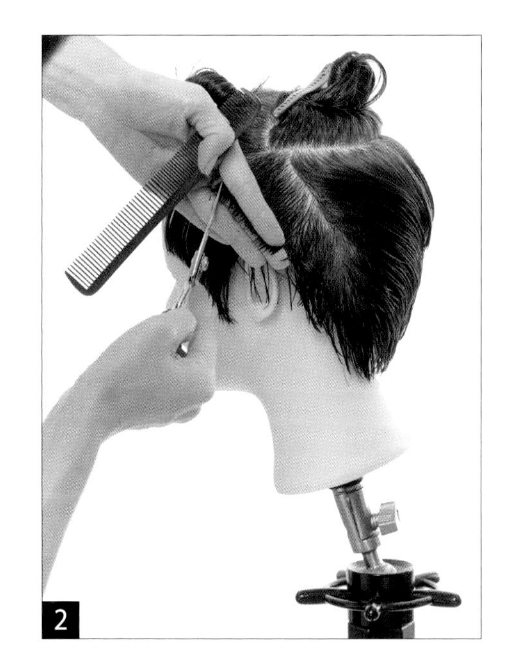

3

4

5

D. 크라운 부분도 후대각파팅하여 높은 그래쥬에이션을 커트한다.

1

2

3

E. 그래쥬에이션의 코너 부분을 포인팅하여 제거한다.

1

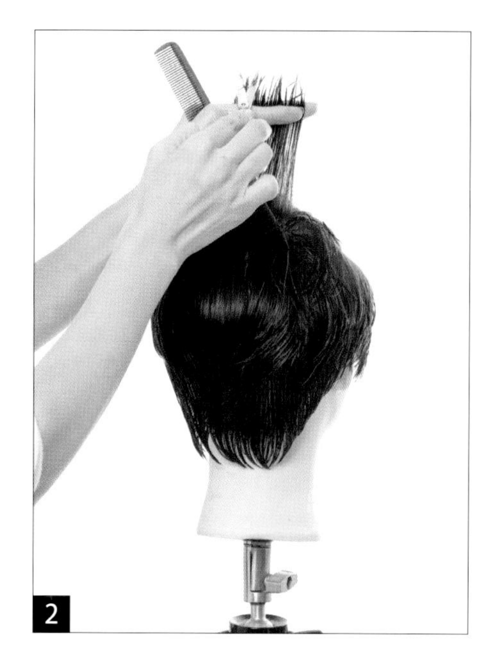
2

3

F. 대각의 섹션라인에서 두상 곡면의 90°시술각, 두상 곡면과 평행하게 길이가이 드를 설정한다. 모든 모발을 길이가이드에 모아서 길이가 극단적으로 길어지는 인크리스 레이어를 커트한다.

G. 귀 위의 헤어라인과 훼이스 라인을 정리한다.

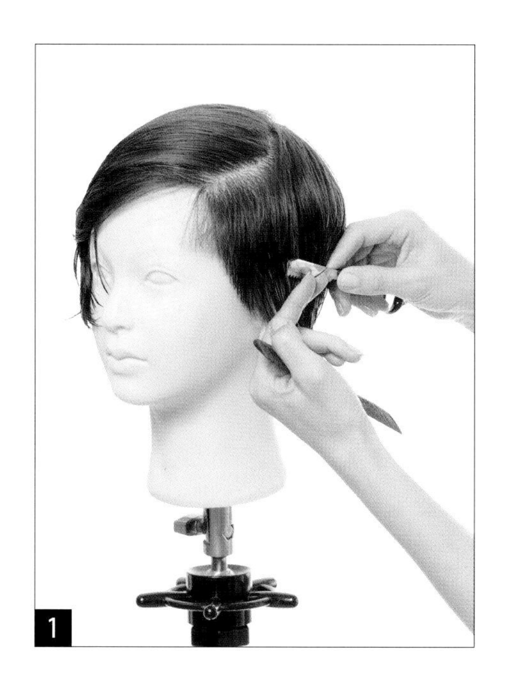
1

2

3

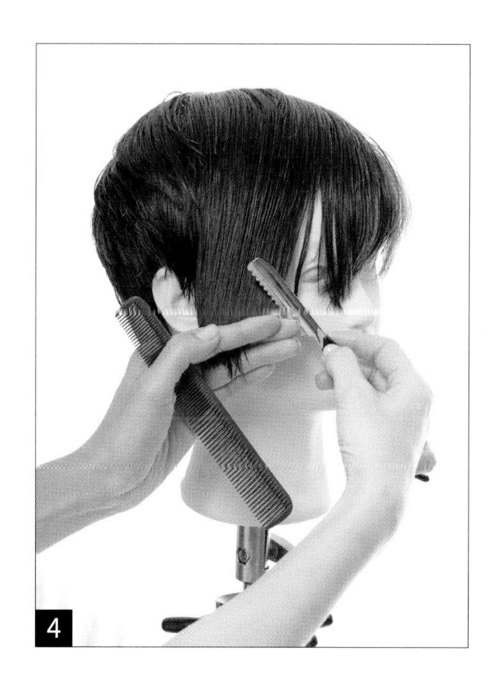
4

H. 모량이 많고 무거운 부분을 레져를 세워 슬라이싱 처리한다.

3. 응용 헤어커트 마무리하기

1

2

3

memo

교과명 : 응용헤어커트 (　　차) 수행평가서

<table>
<tr><td>교수명
(학습자명)</td><td></td><td>평가계획</td></tr>
<tr><td>학생명
(피평가자명)</td><td></td><td>평 가① : 20　년　월　일
(Pass/Fail)</td></tr>
<tr><td>평가방법</td><td>평가자 체크리스트</td><td>재평가② : 20　년　월　일
(Pass/Fail)</td></tr>
<tr><td>능력단위
(요소)명
(코드명)</td><td>응용 헤어커트 준비하기 〔1201010106_14v2.1〕
응용 헤어커트 시술하기 〔1201010106_14v2.2〕
응용 헤어커트 마무리하기〔1201010106_14v2.3〕</td><td>재평가③ : 20　년　월　일
(Pass/Fail)</td></tr>
<tr><td>학습내용
(단원명)</td><td>섹션별로 시술각과 분배 변화에 의한 그래쥬에이션형</td><td>[최종 수행 완료 시점]　번</td></tr>
</table>

<table>
<tr><td colspan="2" rowspan="3">평가항목(수행준거)</td><td colspan="5">성취수준</td></tr>
<tr><td>매우 미흡</td><td>미흡</td><td>보통</td><td>우수</td><td>매우 우수</td></tr>
<tr><td>①</td><td>②</td><td>③</td><td>④</td><td>⑤</td></tr>
<tr><td rowspan="2">응용 헤어커트 준비하기
〔1201010106_14v2.1〕</td><td>커트 시술전 모발의 성질, 모류의 방향을 판단하여 디자인을 결정할 수 있는가?</td><td></td><td></td><td></td><td></td><td></td></tr>
<tr><td>커트 시술전 모발의 상태에 따라 수분량을 적절하게 조절할 수 있는가?</td><td></td><td></td><td></td><td></td><td></td></tr>
<tr><td rowspan="9">응용 헤어커트 시술하기
〔1201010106_14v2.2〕</td><td>혼합형의 디자인을 분석하여 브러킹(섹션)을 조절할 수 있는가?</td><td></td><td></td><td></td><td></td><td></td></tr>
<tr><td>시술각도와 빗질 방향의 일관성을 유지할 수 있는가?</td><td></td><td></td><td></td><td></td><td></td></tr>
<tr><td>베이스 컨트롤 (이동 가이드라인, 고정가이드라인)을 조절할 수 있는가?</td><td></td><td></td><td></td><td></td><td></td></tr>
<tr><td>네이프의 세임레이어의 길이는 일정하게 조절할 수 있는가?</td><td></td><td></td><td></td><td></td><td></td></tr>
<tr><td>그래쥬에이션의 경사도를 표현할 수 있는가?</td><td></td><td></td><td></td><td></td><td></td></tr>
<tr><td>형태의 연결감을 확인할 수 있는가?</td><td></td><td></td><td></td><td></td><td></td></tr>
<tr><td>좌우 대칭으로 시술할 수 있는가?</td><td></td><td></td><td></td><td></td><td></td></tr>
<tr><td>시술시 사용되는 도구와 테크닉을 정확하게 사용할 수 있는가?</td><td></td><td></td><td></td><td></td><td></td></tr>
<tr><td>시술시 정확하고 숙련된 자세를 취할 수 있는가?</td><td></td><td></td><td></td><td></td><td></td></tr>
<tr><td rowspan="2">응용 헤어커트 마무리하기
〔1201010106_14v2.3〕</td><td>헤어커트 시술 후 수정, 보완할 수 있는가?</td><td></td><td></td><td></td><td></td><td></td></tr>
<tr><td>사용한 도구와 시술공간을 정리. 정돈 할 수 있는가?</td><td></td><td></td><td></td><td></td><td></td></tr>
</table>

memo

교과명 : 응용헤어커트 (차) 수행평가서

교수명 (학습자명)		평가계획
학생명 (피평가자명)		평 가① : 20 년 월 일 (Pass/Fail)
평가방법	평가자 체크리스트	재평가② : 20 년 월 일 (Pass/Fail)
능력단위 (요소)명 (코드명)	응용 헤어커트 준비하기〔1201010106_14v2.1〕 응용 헤어커트 시술하기〔1201010106_14v2.2〕 응용 헤어커트 마루리하기〔1201010106_14v2.3〕	재평가③ : 20 년 월 일 (Pass/Fail)
학습내용 (단원명)	원랭스와 레이어의 혼합형	[최종 수행 완료 시점] 번

평가항목(수행준거)		성취수준				
		매우 미흡	미흡	보통	우수	매우 우수
		①	②	③	④	⑤
응용 헤어커트 준비하기〔1201010106_14v2.1〕	커트 시술전 모발의 성질, 모류의 방향을 판단하여 디자인을 결정할 수 있는가?					
	커트 시술전 모발의 상태에 따라 수분량을 적절하게 조절할 수 있는가?					
응용 헤어커트 시술하기〔1201010106_14v2.2〕	혼합형의 디자인을 분석하여 브러킹(섹션)을 조절할 수 있는가?					
	형태선과 원랭스 수평라인을 정확하게 표현할 수 있는가?					
	백의 세임레이어의 길이는 일정하게 조절할 수 있는가?					
	인크리스 레이어 시술 시 손의 비평행 정도를 정확하게 표현할 수 있는가?					
	시술각도와 빗질 방향의 일관성을 유지할 수 있는가?					
	베이스 가이드를 (이동 가이드라인, 고정가이드라인)을 조절할 수 있는가?					
	형태의 연결감을 확인할 수 있는가?					
	좌우 대칭으로 시술할 수 있는가?					
	시술시 사용되는 도구와 테크닉을 정확하게 사용할 수 있는가?					
	시술시 정확하고 숙련된 자세를 취할 수 있는가?					
응용 헤어커트 마무리하기〔1201010106_14v2.3〕	헤어커트 시술 후 수정, 보완할 수 있는가?					
	사용한 도구와 시술공간을 정리. 정돈 할 수 있는가?					

NCS기반 응용헤어커트

초　　판 인쇄 | 2015년 3월 2일
초　　판 발행 | 2015년 3월 5일
초판 2쇄 발행 | 2017년 9월 1일
초판 3쇄 발행 | 2021년 1월 15일

지은이 | 손지연·박민서
발행인 | 조규백
발행처 | 도서출판 구민사
(07293) 서울특별시 영등포구 문래북로 116, 604호(문래동3가 46, 트리플렉스)

전화 | 02.701.7421~2
팩스 | 02.3273.9642
홈페이지 | www.kuhminsa.co.kr

신고번호 | 제2012-000055호(1980년 2월 4일)
ISBN | 979-11-5813-011-4 93590

값 28,000원